云花通识核心词

YUNHUATONGSHIHEXINCI

陈 松 木霁弘◎主 编

云南大学出版社
Yunnan University Press

图书在版编目（CIP）数据

云花通识核心词 / 陈松，木霁弘主编. -- 昆明 ：
云南大学出版社，2017
ISBN 978-7-5482-2568-3

Ⅰ. ①云… Ⅱ. ①陈… ②木… Ⅲ. ①花卉－介绍－
云南省 Ⅳ. ①S68

中国版本图书馆CIP数据核字(2016)第062295号

出 品 人：施海涛
策划编辑：陈 曦
段 然
责任编辑：陈 曦
装帧设计：郑明娟

云花通识核心词

YUNHUATONGSHIHEXINCI

陈 松 木霁弘◎主 编

出版发行：云南大学出版社
印 装：昆明市五华区理煜教育印务有限公司
开 本：787mm×1092mm 1/16
印 张：11.5
字 数：191千
版 次：2018年1月第1版
印 次：2018年1月第1次印刷
书 号：ISBN 978-7-5482-2568-3
定 价：28.00元

社 址：昆明市一二一大街182号（云南大学东陆校区英华园内）
邮 编：650091
电 话：0871-65031070 65033244 65031071
网 址：http://www.ynup.com
E-mail：market@ynup.com

目录

三、园林观赏花卉 | 95

一、鲜切花

鲜切花又称切花，是指从活体植株上切取的，具有观赏价值，用于制作花篮、花束、花环、花圈、瓶插花、壁花，以及胸饰花等花卉装饰的茎、叶、花、果等植物材料。

鲜切花分为切花、切叶和切枝。切花是各种剪切下来以观花为主的花朵、花序或花枝，以花作为离体植物材料的主体。作为切花的材料一般具有色彩鲜艳、花姿优美，或有香气诱人的特点，是插花和其他花卉装饰的主要花材。切叶是指各种剪切下来的绿色或彩色的叶片及枝条，以叶作为离体植物材料的主体，作为切叶的材料一般具有叶色多彩、美丽、奇特等特点，多用作插花和花卉装饰的配材。切枝是指各种剪切下来的具有观赏价值的着花或具彩色的木本条，以枝作为离体植物材料的主体，多数切枝带有花、果、叶，常作为插花和花卉装饰的主体或衬托。

鲜切花的主要品种有：玫瑰/月季、剑兰、菊花、康乃馨、扶郎花（非洲菊）、红掌、兰花、百合、满天星、勿忘我、情人草、郁金香、马蹄莲、银柳、洋桔梗等。

有着近30年鲜切花发展基础的云南省，以种苗、种球为主的种用产业优势日渐凸显，形成以玉溪、曲靖、昭通为主的种球生产区域和以昆明、玉溪为中心的全国重要鲜切花种苗和种籽生产基地。目前全省花卉种植面积已超过70万亩，鲜切花年产量达70多亿枝，产销量连续20年保持全国第一。

云南省农科院花卉研究所等单位组成的项目组创制出一批优异新种质，育成86个鲜切花新品种，其中“蜜糖”为我国首个花香月季授权品种，“云红2号”“秋日”“星云”等品种分别在欧盟和日本获得授权。

1. 月季

蔷薇科，蔷薇属。有刺灌木，呈蔓状或攀援状。常绿、半常绿灌木，枝茎有很大的皮钩刺。小枝绿色，小叶3～5片，宽卵形或卵状长圆形，叶面光滑，有光泽。花至数朵生于枝端，花直径较大，8～15厘米，花色甚多，色泽各异，大红、紫红、粉红、橘红、黄、白都有，现在还培育出了紫蓝色的稀有品种。云南滇中地区气候适宜，在温室大棚内能实现周年规模化生产，一年可连续采收切花4～5次，实现切花月季全年均衡供货。月季大部分品种较香，有的不太香甚至不香。果实呈倒卵形。云南是鲜切花月季/玫瑰大省，具有品种、品质和价格优势，引领全国切花月季行情走势。云南鲜花种植基地内栽种的月季品种主要有食用玫瑰、藤本月季、大花香水月季、丰花月季、微型月季、树状月季、壮花月季、灌木月季、地被月季等。

2. 非洲菊

菊科，大丁草属。别名太阳花、猩猩菊、日头花、波斯菊等。多年生宿根常绿草本，全株具细毛，多数叶为基生，羽状浅裂。株高30～45厘米。顶生花序，花朵硕大，高出叶面20～40厘米；花径10～12厘米；总苞盘状，钟形；舌状花瓣1～2或多轮呈重瓣状；花色有大红、橙红、淡红、黄色等。通常四季有花，以春秋两季最盛。原产南非，随着中国温室技术的进步及国外新型温室技术的引进，在中国的栽培量明显增加。非洲菊花朵大而饱满，花色艳丽，花枝挺拔，插花时间可以达到半月之久，栽培省工省时，是世界十大切花之一。由于云南独特的气候条件使非洲菊成为云南鲜切花主要品种。

3. 滇蜀豹子花

百合科，豹子花属。多年生草本，茎高30～100厘米。地下鳞茎长卵形，具鳞片6～10余枚，淡黄色。叶散生，披针形至卵状披针形，全缘。花通常1朵，也有2～6朵；花梗淡绿色染紫色斑点，花被片粉白至红色，内轮花被片内面常具深紫色斑点；雄蕊6枚，花丝紫黑色，花药黄色。花期6—7月。多生长于海拔3000～3700米的松林下及草坡。花色艳丽，花形多姿，可供观赏，也可培育成鲜切花。云南、四川多有分布。

4. 宽瓣豹子花

百合科，豹子花属。多年生草本，鳞茎近卵形，高 2.5 ~ 3.5 厘米，直径 2 ~ 3.5 厘米，白色，干时淡褐色。茎高 25 ~ 65 厘米，有小乳头突起。叶轮生，每轮 4 ~ 8 枚，披针形，长 5 ~ 厘米，宽 1 ~ 1.4 厘米，上面深绿色，下面淡绿色，先端渐尖，两面无毛。花 1 至数朵，下垂，粉红色；外轮花被片卵形，蒴果矩圆状卵形，长 2.5 厘米，宽 2.5 厘米，具 6 钝棱，淡褐色。花期 5—7 月，果期 7—8 月。多生长于海拔 2800 ~ 3500 米的杂木林、云杉或冷杉、松林内或草坡。可供花坛、草地种植，也可培育为鲜切花。云南、四川多有分布。

5. 郁金香

百合科，郁金香属。直立草本，鳞茎扁圆锥形或扁卵圆形，长约 2 厘米，具棕褐色皮股，外被淡黄色纤维状皮膜。叶出 3 ~ 5 片，长椭圆状披针形或卵状披针形，长 10 ~ 21 厘米，宽 1 ~ 6.5 厘米；基生者 2 ~ 3 枚，较宽大，茎生者 1 ~ 2 枚。花茎高 6 ~ 10 厘米，花单生茎顶，大形直立，林状，基部常黑紫色花瓣 6 片，倒卵形；花葶长 35 ~ 55 厘米；花期 4—6 月。产于云南东南部、南部到西南部，多生长于海拔 360 ~ 1900 米的林下或林缘、草坡。郁金香可入药，有行气解郁，破瘀之功效。外用治麻疹，亦可作染料。

6. 百合

百合科，百合属。作为云南八大名花之一的百合，除百合属植物外，还包括同科中假百合属、豹子花属和大百合属中具有观赏价值的部分种类。云南有约 20 个种和变种。百合花的花形多样，大体可分为 3 类：

（1）喇叭形类：如分布于云南的淡黄百合，分布于云南和四川的泸定百合（通江百合），分布于四川的岷江百合，分布于中国台湾的麝香百合（铁炮百合），分布于长江流域的野百合。

（2）钟形花类：如分布于云南的紫花百合、尖被百合，分布于西藏的西藏百合，分布于许多省区的渥丹（山丹）、毛百合（兴安百合）。

（3）卷瓣类：如分布于云南的大理百合、丽江百合，分布于四川和云南的川百合、宝兴百合，分布于湖北、江西和贵州的湖北百合（亨利百合）。

7. **滇丁香**

茜草科，滇丁香属。落叶灌木或小乔木，我国有24种（云南9种）。叶对生，边全缘。花两性，成顶生或腋生，圆锥花序，花小而繁；春季开花，花冠漏斗状，紫红、淡红或白色，具雄蕊2枚。云南的滇丁香主要分布于滇西南、滇西北和滇东南常绿阔叶林的山地次生林中，海拔高度通常在1000~2500米之间。滇丁香产于宾川（鸡足山）、大姚、大理、保山、南涧等地；馥郁滇丁香产大理、丽江、普洱（西山）、永德等地；鸡冠滇丁香产怒江河谷贡山、福贡等地；中型滇丁香是分布最广泛的一种，除滇东北外，全省大部分地区均有分布。

8. **黄菖蒲**

鸢尾科，鸢尾属。多年生草本，植株高大。叶子茂密，绿色，长剑形。花色黄艳，花姿秀美。花期5月，果期6—8月。原产欧洲。云南省有些园圃中引种栽培，我国各地均有引种栽培，喜生于河湖沿岸的湿地或沼泽地上。

9. **毛舞花姜**

姜科，舞花姜属。直立草本，高30~60厘米，全株被毛。花期7—8月。产云南西双版纳、河口、富宁、西畴、盈江。生于海拔210~1000米的密林或河边阴湿处。菲律宾、柬埔寨、老挝、缅甸也有分布。

10. **舞花姜**

姜科，舞花姜属。直立草本，高0.6~1米。根茎纤细；茎直立；叶披针形或长圆形。花期6—9月，果期9—11月。产云南东南部至西南部、西部、东北部的绥江及西北部（丽江、维西），生于山坡林下或路边。西藏南部、四川、贵州、广西、广东、湖南、江西、福建均有分布。印度西北部、尼泊尔、缅甸、老挝也有。果实可用于健胃。

11. **叉唇虾脊兰**

兰科，虾脊兰属。叶片呈椭圆形，总状花序具多数花，花瓣黄绿色，花期4—6月。产云南贡山、泸水、维西、香格里拉、景东、景洪、双柏、蒙自（模式标本产地）、屏边、文山、广南、富宁。生于海拔1000~3600米的山地常绿阔叶林下和山谷溪边。四川（峨眉山上）和广西（龙胜）也有分布。

12. **香石蒜**

石蒜科，石蒜属。鳞茎卵球形，直径约3厘米。叶带状，绿色，花蕾白色，花期9 月。据《中国植物志》，产云南，分布于湖北，生于阴湿山坡。

13. **红花石蒜**

石蒜科，石蒜属。鳞茎卵球形，直径2～3厘米，外皮褐色。花期5月。产昆明大普吉，生于海拔1250～2320米的林下。日本有分布。但过去记载红石蒜仅产日本，中国无记录。在云南的出现，可能是引种栽培的结果。

二、高山花卉

高山花卉通常指分布在海拔3000米以上的花卉。高山花卉中有许多珍奇花卉，大多分布在人迹罕至的高寒山区，因而鲜为人知。

中国是一个高山花卉资源丰富的国家，以杜鹃、报春、龙胆中的大部分为典型。而云南以山多而出名，仅云南西北部高山就汇集了5000多种高山植物。

云南的高山花卉主要分布于滇西北的高山地区，该区域位于南北走向的横断山脉，是欧亚大陆生物南北交错、东西汇合的通道，为世界高山植物区系最丰富的区域。植被类型包括暖温性常绿针叶林、温性针阔叶混交林、寒温性常绿针叶林、高山常绿革叶灌丛、高寒草甸、高山流石滩等。高山花卉大多作为伴生植物生于林下或灌丛下，也有一些分布于高山草甸或流石滩。

云南高山地区有充足的光照、强烈地紫外辐射和冷凉的气候条件，使得这里的花卉花型奇特、花大色艳、独具特色。具体说来，有四大特点：种类丰富而集中、生态类型属于温带性质、特有种类多、花色艳丽丰富。

云南的高山花卉在世界园林的发展中扮演了十分重要的角色。早在100多年前，云南高山花卉就被引入西方国家，在其园林中大放异彩，改变了西方国家的园林景观，许多高山花卉也被驯化培育出园艺品种，为世界园林的发展做出了贡献。

报春花科

1. 钟花报春

[科属]报春花科，报春花属。

[形态]钟花报春是多年生草本植物，叶丛高7～30厘米；花葶稍粗

壮，高 15 ~ 90 厘米，单花皱缩或呈两头粗中间细的棒状体；花梗淡绿色，花萼钟形，黄绿色，两面密被黄粉，5 裂，裂片披针形至三角状披针形；花冠黄色至黄绿色，展开后长 2 ~ 3 厘米，筒状，先端 5 裂，裂片长圆形至倒心形，全缘或顶端微凹；雄蕊位于冠筒基部或中部，子房上位。

[分布环境]分布于海拔 3300 ~ 4700 米范围的林缘湿地，灌丛湿地、草甸、沼泽和高山沟边。云南西北部的德钦、贡山、香格里拉、维西、丽江等有分布，其余在西藏、青海、甘肃、四川西部也有分布。

2. 巴塘报春

[科属]报春花科，报春花属。

[形态]多年生草本。叶丛生，圆形或矩圆形，两面被硬毛，边缘有圆缺刻及细锯齿。花葶高 40 厘米，花萼阔钟状，花冠金黄色。花期 6—7 月。

[分布环境]主要分布在香格里拉县、维西县、德钦县平均海拔 2600 ~ 3300 米的石灰岩山坡、石缝中。四川西部也有分布。

3. 玉葶报春

[科属]报春花科，报春花属。

[形态]多年生草本。根状茎短，具多数长根。鳞片披针形。干时膜质，棕褐色，顶端常被黄粉。叶形变异较大，矩圆状卵形、矩圆状披针形、披针形以至倒披针形。花葶粗壮，近顶端被黄粉；伞形花序 1 ~ 4 轮，每轮 3 至多花；苞片披针形至钻形，长 5 ~ 15 毫米，腹面被粉；花梗长 1 ~ 2.5厘米，密被鲜黄色粉，花萼狭钟状，花冠紫蓝色或淡蓝色，稀白色；长花柱花：雄蕊着生处距冠筒基部 4 ~ 5 毫米，花柱长达冠筒口；短花柱花：雄蕊着生于冠筒上部，花药顶端接近筒口，花柱长约 3.5 毫米，稍高出花萼中部。蒴果筒状，长于花萼近 1 倍。花期 5—7 月，果期 7—8 月。

[分布环境]迪庆海拔 3700 ~ 4300 米的香格里拉大雪山、红山，德钦白马雪山、润子雪山、梅里雪山有分布。西藏南部、四川西部有分布。

4. 圆瓣黄花报春

[科属]报春花科，报春花属。

[形态]多年生草本。根状茎短，具多数肉质长根，鳞片披针形。花葶

高10～50厘米，近顶端被乳黄色粉；单花皱缩或呈两头粗中间细的棒状体；花梗淡绿色，长1～6厘米；花萼钟形，黄绿色，两面密被黄粉，5裂，裂片披针形至三角状披针形；花冠黄色至黄绿色，展开后长2～3厘米，筒状，先端5裂，裂片长圆形至倒心形，全缘或顶端微凹；雄蕊位于冠筒基部或中部，子房上位。蒴果筒状，与花萼等长至长于花萼5倍。花期6—7月，果期7—8月。

[分布环境]分布于迪庆香格里拉、维西、德钦三市（县）海拔3300～4700米，林缘湿地，灌丛湿地、草甸、沼泽和高山沟边。西藏、青海、甘肃、四川西部均有分布。

5. 报春花

[科属]报春花科，报春花属。

[形态]又名年景花。一、二年生草本花卉。叶片成卵圆形或者椭圆形，边缘有锯齿，叶脉明显。伞形花序，一般2～6轮，花有淡淡香味，花朵偏小；花萼钟状，长3～7毫米，果时稍增大，花呈粉红色、深红色、淡蓝紫色或近白色。蒴果球形，直径约3毫米。花期2—5月，果期3—6月。

[分布环境]分布于迪庆香格里拉、维西、德钦三市（县）海拔1700～3400米的林缘湿地，灌丛湿地、草甸、沼泽和高山沟边。西藏、青海、甘肃、四川西部均有分布。

6. 唐古特报春

[科属]报春花科，报春花属。

[形态]多年生草本。须根发达，根粗呈褐色或黑褐色。叶片长圆形或倒卵状披针形，边缘具不规则的波状细锯齿，上面深绿色，下面淡绿色，侧脉不明显，两面无毛。花葶无毛、无白粉，伞形花序，花朵多数；苞片三角形至披针形，花紫色或紫红色，下垂高脚碟状。

[分布环境]分布于海拔3700～4700米的香格里拉大雪山、红山，德钦白马雪山、润子雪山、梅里雪山上。西藏南部、四川西部也有分布。

7. 鳞茎报春

[科属]报春花科，报春花属。

[形态]多年生垫状草本。根状茎粗壮。顶端尖而钝，基部下延成翅

柄。花葶无毛，无白粉；伞形花序，花朵多数；苞片三角形至披针形，花紫色或紫红色，下垂高脚碟状。花期3—5 月。

[分布环境]分布于 2700 ~ 4000 米陡岩上。香格里拉大雪山、红山，德钦白马雪山、润子雪山、梅里雪山有分布。西藏南部、四川西部也有分布。

8. **海仙报春**

[科属]报春花科，报春花属。

[形态]多年生草本花卉，根茎极短，向下发出一丛粗长的支根。叶卵状椭圆形至倒披针形。花葶直立，高 20 ~ 45 厘米，果时长可达 60 厘米；具伞形花序 2 ~ 6 轮，每轮具 3 ~ 10 花；花萼杯状，花朵呈深红色或紫红色，花期5—7 月，果期9—10 月。

[分布环境]分布于迪庆香格里拉、维西、德钦三市（县）海拔1700 ~ 3400米的林缘湿地，灌丛湿地、草甸、沼泽和高山沟边。西藏、青海、甘肃、四川西部均有分布。

9. **木里报春**

[科属]报春花科，报春花属。

[形态]多年生草本花卉。根状茎粗短，具肉质粗长侧根。叶丛基部有鳞片卵形至卵状披针形，上部被淡黄色粉。叶片狭矩圆状披针形。花葶粗壮，高 15 ~ 45 厘米，果期高可达 60 厘米，近顶端被粉；伞形花序 1 ~ 2 轮，有时出现第 3 轮，每轮 3 ~ 4 花；苞片披针形，长 5 ~ 15 毫米；花梗长 1 ~ 3. 5 厘米，微被粉，开花时稍下弯，果时直立并稍增长；花萼长 8 ~ 13 毫米，花朵呈紫红色至深玫瑰红色。蒴果筒状，约长于花萼 1 倍。花期5—6 月。

[分布环境]分布于迪庆香格里拉、维西、德钦三市（县）海拔1700 ~ 3400米，林缘湿地，灌丛湿地、草甸、沼泽和高山沟边。西藏、青海、甘肃、四川西部均有分布。

10. **小花灯台报春**

[科属]报春花科，报春花属。

[形态]多年生小草本花卉，又名短蕊报春、小缘报春。叶丛自极短的根茎发出，根系发达。叶片呈矩圆状倒卵形或倒卵状椭圆形，上面深绿

色，下面淡绿色。花序皱缩呈团状，单花呈短棒状，长约1.5厘米，苞片披针形，尖锐，长6~9毫米。花萼钟状，裂片披针形，萼筒黄白色，裂片处黑绿色，形成纵向间隔条纹，花冠宽钟状，色蓝紫。气微，味微苦涩。花期5—6月。

[分布环境]分布于迪庆香格里拉、维西、德钦三市（县）海拔1700~3400米的林缘湿地，灌丛湿地、草甸、沼泽和高山沟边。西藏、青海、甘肃、四川西部均有分布。

11. 高穗花报春

[科属]报春花科，报春花属。

[形态]多年生草本花卉。根状茎短，具多数粗长侧根。叶狭椭圆形至矩圆形或倒披针形，边缘具不整齐的小牙齿，两面均被柔毛。穗状花序多花，花未开时呈尖塔状，长2~3厘米，花全部开放后呈筒状，长可达10厘米；苞片线状披针形，长1~2毫米；花萼长4~5毫米，花蕾期外面深红色，后渐变为淡红色，分裂至中部以下，裂片卵形至卵状披针形，先端锐尖或有时具小齿；花冠蓝紫色。蒴果球形，稍短于宿存花萼。花期7月。

[分布环境]分布于迪庆香格里拉、维西、德钦三市（县）海拔2800~4200米的灌丛林缘、草甸湿地。西藏东南部、四川西北部有分布。

12. 偏钟花报春

[科属]报春花科，报春花属。

[形态]多年生草本花卉。根茎粗壮，叶多枚丛生。叶片呈卵圆形或椭圆形。伞形花序，花朵呈红紫色至深玫瑰红色。蒴果稍长于宿存花萼。花期6—7月，果期8—9月。

[分布环境]分布于迪庆香格里拉、维西、德钦三市（县）海拔2700~4800米的林缘湿地，灌丛湿地、草甸、沼泽和高山沟边。西藏、青海、甘肃、四川西部均有分布。

13. 丽花报春

[科属]报春花科，报春花属。

[形态]多年生草本。根状茎短，具多数长根，鳞片披针形。叶形变异较大，矩圆状卵形、矩圆状披针形、披针形以至倒披针形。花朵为紫蓝色或淡蓝色、稀白色，高脚碟状，中间露出黄心。蒴果筒状，长于花萼近1

倍。花期5—7 月。

[分布环境]分布于迪庆香格里拉、维西、德钦三市（县）海拔3800～4500米的高山湿地、沟旁、湿性灌丛。西藏南部、东南部，四川西北部也有分布。

14. 雪山厚叶报春

[科属]报春花科，报春花属。

[形态]多年生草本植物。根状茎粗短，向下发出多数褐色长根。叶丛基部外围有枯叶，至开花期通常无冬芽鳞片。叶片狭倒卵形至矩圆状椭圆形。花朵杯状高脚碟形，艳紫色。蒴果筒状，长约8 毫米。花期6—7 月，果期7—8 月。

[分布环境]分布于迪庆香格里拉、维西、德钦三市（县）海拔3600～4500米的高山林缘、草甸、沟边，西藏西南部、四川西部也有分布。

15. 粗毛点地梅

[科属]报春花科，点地梅属。

[形态]多年生草本。根状茎木质，粗壮、老叶柄宿存。叶矩圆状倒卵形或倒披针形，顶端尖锐，具针刺。伞形花序球状，花紫红色，高脚碟状。蒴果近球形，稍长于宿存花萼。花期6—7 月，果期8 月。

[分布环境]分布于迪庆香格里拉、维西、德钦三市（县）海拔2300～4050米间的草地和河边，滇西北、川西均有分布。

16. 刺叶点地梅

[科属]报春花科，点地梅属。

[形态]多年生草本，具木质粗根。根状茎极短或不明显。叶卵形或卵状披针形。伞形花序多花，花冠深红色，直径8～10 毫米，裂片倒卵形，先端微凹。蒴果近球形，稍长于花萼。花期5—6 月，果期7 月。

[分布环境]分布于迪庆香格里拉、维西、德钦三市（县）海拔2300～4050米的干燥岩石、山石草坡地，滇西北、川西均有分布。

17. 景天点地梅

[科属]报春花科，点地梅属。

[形态]二年生或多年生仅结实一次的草本，叶基生，莲座状。叶片厚，革质状。花萼钟状，花冠紫红色。花期6—7 月。

[分布环境]分布于迪庆香格里拉市海拔 2000 ~ 3600 米干旱石灰岩、山坡荒地。滇西北、四川西部均有分布。

18. 硬枝点地梅

[科属]报春花科，占地梅属。

[形态]多年生草本，植株由着生于根出条上的莲座状叶丛形成疏丛。伞形花序，1 ~ 7 花；花萼杯状，花冠深红色或粉红色。蒴果稍长于花萼。花期 5—7 月。

[分布环境]分布于云南西北部海拔 2600 ~ 4200 米多石岩石坡地，四川西部也有分布。

19. 直立点地梅

[科属]报春花科，点地梅属。

[形态]一年生或二年生草本。叶片呈椭圆形至卵状椭圆形。伞形花序，花朵呈花冠白色或粉红色。蒴果长圆形。花期 4—6 月，果期 7—8 月。

[分布环境]主要分布于云南西北部海拔 2700 ~ 3500 米的山坡草地及河漫滩上，在青海、甘肃、四川、西藏也有分布。

20. 垫状点地梅

[科属]报春花科，点地梅属。

[形态]多年生草本。新叶莲座状叶丛叠生于老叶从上。花朵粉红色或白色。花期 6—7 月。

[分布环境]分布于海拔 3500 ~ 5000 米的云南西北部的山坡草地、河漫滩上、砾石山坡、河谷阶地和平缓的山顶。青海、甘肃、四川、西藏也有分布，是中国特有植物。

21. 高原点地梅

[科属]报春花科，点地梅属。

[形态]多年生草本，藏语又称“尕的”。根茎粗壮，植株由多数根出条和莲座状叶丛形成密丛或垫状体。叶片呈长圆形或舌形。花萼阔钟形或杯状，花冠白色，喉部周围粉红色。花期 6—7 月。

[分布环境]分布于云南迪庆全境，生于海拔 3600 ~ 5000 米湿润的砾石草甸和流石滩上。青海、甘肃、四川、西藏也有分布。

唇形科

1. 止痢蒿

[科属]唇形科，筋骨草属。

[形态]多年生草本，根茎膨大。叶片纸质，披针形至卵形或披针状长圆形。穗状聚伞花序顶生，通常长 6 厘米左右，由轮伞花序排列组成；花朵为淡紫色、紫蓝色或蓝色。小坚果呈倒卵状三棱形，背部具网状皱纹，腹部平整，果脐占腹面的 2/3 或以上。花期 4—8 月，果期 5—10 月。

[分布环境]分布于云南西北部迪庆海拔 1700 ~ 3700 米的高山草甸、溪畔、杜鹃灌丛及放牧草地。西藏东南部、四川西部也有分布。

2. 绵　参

[科属]唇形科，绵参属。

[形态]多年生草本。全株被缩，形似绵团状；根圆锥形，棕黑色或黑褐色，质脆，断面黄白色；茎四棱，有节。叶对生，鳞片状叶无毛，菱形或卵圆形叶密被灰白色绵毛，网脉明显。轮伞花序隐藏在叶丛中；花多凋谢，偶见淡黄色的花。小坚果瘦小，三棱形。花期 7—9 月，果期 9—10 月。

[分布环境]主要分布于云南迪庆的德钦、香格里拉海拔 4000 ~ 4700 米高山流石滩。西藏、青海、四川西部也分布。

3. 密花香薷

[科属]唇形科，香薷属。

[形态]草本植物，须根发达。茎绿带红紫色，略具四棱、被柔毛，分歧。叶具柄，卵形、椭圆形至披针形。穗状花序长圆形或近圆形，长 2 ~ 6 厘米，宽 1 厘米，密被紫色串珠状长柔毛，由密集的轮伞花序组成。花朵呈紫红色。花果期 7—10 月。

[分布环境]云南主要分布在海拔 1700 ~ 4500 米的河谷阶地、草甸、农田附近。全国大部分地区均有分布。

4. 毛穗香薷

[科属]唇形科，香薷属。

[形态]一年生草本。茎直立，不分枝，四方形，具条纹，被白色柔

毛。叶单对生，少有轮生，叶片卵状椭圆形或卵状披针形。花黄色，穗状花序顶生。花、果期7—9 月。

[分布环境]主要分布于云南迪庆全境海拔 2700～5000 米的草甸、阴湿草坡和水沟旁。亦分布于西藏东南部、甘肃南部、四川西部。

5. 球穗香薷

[科属]唇形科，香薷属。

[形态]一年生草本植物。茎四棱形，茎枝均被白色具节的疏柔毛。叶对生，顶端锐尖，基部宽楔形，边缘具细锯齿。花冠白色，稀有淡红色。小坚果极小，椭圆形，淡黄色。花、果期9—11 月。

[分布环境]分布于云南迪庆全境海拔 2300～4500 米的沟谷草滩、灌丛林地。西藏东南部、四川西部也有分布。

6. 四方蒿

[科属]唇形科，香薷属。

[形态]一年生草本植物。茎四棱形，茎枝均被白色具节的疏柔毛。叶对生，顶端锐尖，基部宽楔形，边缘具细锯齿。穗状花序顶生或腋生，由轮伞花序组成；花冠白色，稀有淡红色。小坚果长圆形，长约 0.8 毫米，黄褐色，光滑。花期6—10 月，果期 10—12 月。

[分布环境]分布于云南迪庆全境海拔 1600～2500 米的地区。常见于乡间小路，生于林中旷处、沟边或路旁。

7. 齿苞筋骨草

[科属]唇形科，筋骨草属

[形态]多年生草本，植株矮小。叶片坚纸质，略厚，椭圆形或卵状椭圆形。花萼钟形；花冠淡紫色，有紫色斑点或条纹，筒状。花期 5—8 月，果期7—9 月。

[分布环境]分布于云南迪庆海拔 2200～3500 米的灌丛林缘、农田附近、松林下。西藏东南部、四川西部、甘肃、青海均有分布。

8. 白苞筋骨草

[科属]唇形科，筋骨草属。

[形态]多年生草本。茎粗壮，四棱形，具槽，沿棱及节上被白色具节长柔毛。叶片纸质，披针状长圆形。穗状聚伞花序由多数轮伞花序组成；

苞叶大，向上渐小，白黄、白或绿紫色；花萼钟状或略呈漏斗状；花冠白、白绿或白黄色，具紫色斑纹。花期7—9月，果期8—10月。

[分布环境]分布于云南迪庆德钦梅里雪山、润子雪山，香格里拉红山，海拔3800～4600米的向阳山坡、灌丛林缘、草坡。西藏、青海、甘肃南部、四川西部均有分布。

9. 甘西鼠尾

[科属]唇形科，鼠尾草鼠。

[形态]多年生草本植物。根木质，圆柱锥状，外皮红褐色。茎高达60厘米。轮伞花序2～4花，疏离，组成顶生长8～20厘米的总状花序，有时具腋生的总状花序而形成圆锥花序；苞片卵圆形或椭圆形；花萼钟形，花朵呈紫红色。小坚果倒卵圆形，长3毫米，宽2毫米，灰褐色，无毛。花期5—8月。

[分布环境]分布于云南丽江以及迪庆的维西、香格里拉、德钦三市（县）海拔2600～4300米的草坡、灌丛林缘、荒滩。青海、西藏东南部、四川西部、甘肃均有分布。

10. 近掌脉鼠尾

[科属]唇形科，鼠尾草属。

[形态]多年生草本花卉。根茎粗短，叶大多数基出，卵圆形或圆形。轮伞花序2～6花，密集或疏离，组成长10～15厘米顶生总状花序；花萼钟形；花冠淡紫或蓝紫色。成熟小坚果未见。花期5—7月。

[分布环境]分布于云南西北部迪庆香格里拉、维西、德钦三市（县）海拔3200～3800米的林下、草坡、田埂。西藏东南、青海、四川西部也有分布。

11. 三叶鼠尾

[科属]唇形科，鼠尾草属。

[形态]多年生草本。根肥厚，朱红色，长锥形。茎直立，钝四棱形，具槽，被长柔毛。轮伞花序2花，疏离，组成顶生总状花序或总状圆锥花序；花萼钟形；花冠蓝紫色，带有黄色斑点。小坚果长椭圆形，暗棕色，无毛。花期7—9月。

[分布环境]分布于云南贡山、德钦、维西、永宁、丽江、鹤庆、兰坪

海拔 2400 ~ 3900 米的草坡，灌丛。西藏东南、川西高原也有分布。

12. 开萼鼠尾草

[科属]唇形科，鼠尾草属。

[形态]多年生草本。根茎粗短，主根扭曲条状，外观黑褐色，自根茎抽出数枝，方形。茎生叶 2 ~ 3 对，叶片纸质，扁平或具细皱，上面黄绿色，除脉外均被短柔毛；下面灰绿色，脉上被短柔毛，满布紫黑色腺点，脉网在下面极明显。轮伞花序通常 2 花，间有 4 花，组成长 1 ~ 9 厘米的顶生总状或总状圆锥花序；花萼钟形；花冠黄褐色，下唇有紫黑色斑点。成熟小坚果未见。花期 7 月。

[分布环境]分布于云南迪庆香格里拉市格咱乡，海拔 3500 ~ 3800 米的林缘、荒坡、草甸。

13. 毛地黄鼠尾

[科属]唇形科，鼠尾草属。

[形态]多年生直立草本。茎高 30 ~ 60 厘米，密被长柔毛。叶片长圆状椭圆形，边缘具圆齿，上面深绿色，被疏柔毛，下面微皱，密被白色短绒毛。轮伞花序 4 ~ 6 花，3 ~ 8 组成长 13 厘米顶生的总状花序，有时由于此花序下部分枝而成圆锥花序；花萼钟形；花冠黄色，有淡紫色的斑点。小坚果灰黑色，倒卵圆形，腹面具棱，光滑。花期 4—6 月。

[分布环境]分布于云南迪庆香格里拉市格咱乡，海拔 3500 ~ 3800 米的林缘、荒坡、草甸。

14. 野薄荷

[科属]唇形科，薄荷属。

[形态]一年生草本。茎直立，高 6 ~ 40 厘米，四棱形，具四槽，上部被倒向微柔毛，下部仅沿棱上被微毛，多分枝。叶片长圆状披针形，椭圆形或卵状披针形，稀长圆形。轮伞花序腋生，轮廓球形，具梗或无梗，被微柔毛；花萼管状钟形；花冠淡红白。小坚果卵珠形，黄褐色，具小腺窝。花期 7—9 月，果期 10 月。

[分布环境]云南省大部分地区均有分布，潮湿的沟边、路边、田埂可见。

15. **多花荆芥**

[科属]唇形科，荆芥属。

[形态]多年生直立草本。茎高0.5～1.5米，被微柔毛至无毛。茎下部叶在开花时多枯萎，茎中部叶矩圆形或披针形，两面略被短微柔毛，下面尚混生黄色小腺点。轮伞花序生于茎及分枝上部，稀疏排列；苞片叶状，小苞片条状披针形；花萼长10～14毫米；花朵为紫色或蓝色。小坚果矩圆形，略扁。花期7—8月，果期8—9月。

[分布环境]分布于云南省西北部海拔2700～3300米的荒坡、草地、灌丛。四川西部也有分布。

菊　科

1. **铺散亚菊**

[科属]菊科，亚菊属。

[形态]多年生草本。茎多数密被顺向伏贴的长柔毛或细柔毛，叶片轮廓空圆或半圆形，叶片两面灰白色，密被短柔毛。头状花序3～15个；全部苞片顶端钝或稍圆，外面被稠密或稀疏的短柔毛或细柔毛，边缘具棕褐或黑褐或暗灰褐色宽膜质。瘦果长1.2毫米。花果期7—9月。

[分布环境]分布于云南迪庆香格里拉、维西、德钦三市（县）海拔3600～5200米的高山漫滩、草原。

2. **细叶亚菊**

[科属]菊科，亚菊属。

[形态]多年生草本。根茎短，发出多数的地下匍茎和地上茎。叶轮廓半圆形或扇形，下面密被灰白色短柔毛。头状花序总苞钟状，花朵呈黄色。花期6—10月。

[分布环境]主要分布于云南迪庆德钦梅里雪山、香格里拉红山，海拔3600～4400米草坡、干河滩。

3. **岩　参**

[科属]菊科，岩参属。

[形态]多年生草本。茎单生，直立，高30～60厘米，上部总状或总状圆锥状花序分枝，全部花序分枝被头状具柄的短或长腺毛，下部无毛。

总苞钟状，舌状小花紫色、紫蓝色或蓝色，12～18枚。瘦果长椭圆形，长4～5毫米，宽约1毫米；顶端有收缢，无喙，压扁，无毛；每面有8条高起的细肋，浅褐色，边缘稍粗厚。外层冠毛极短，糙毛状，内层冠毛长毛状，长6～8毫米，单毛状。花果期7—10月。

[分布环境]分布于云南迪庆全境海拔2500～4000米的林下、林地岩石缝隙处。

4. 针叶帚菊

[科属]菊科，帚菊属。

[形态]半灌木，高约1米。小枝多而质硬，呈帚状，被褐红色短柔毛，茎皮常纵向开裂。长枝上的叶互生，扁平，线状披针形，花期早落，仅残存膨大的叶柄基部，其腋簇生白色绢毛；短枝上的叶4～6片簇生，无柄，针刺状，线状披针形，长3～7毫米，宽1～1.2毫米，顶端具针刺状尖头，全缘而强背卷，两侧背卷部分于叶背彼此几相连接，而仅留一未覆盖的纵缝隙，上面无毛，有极密的小腺点（放大镜下始见），下面未被覆卷盖的沟槽内密被白色绢毛；叶脉1条，有时不明显，无侧脉及网脉。头状花序多数，无梗单生于簇生叶丛中或小枝之顶，花期长约15毫米，直径约10毫米，具4～6花；总苞圆筒形，长约10毫米，直径为长之半；总苞片6～7层，背部多少被毛，边缘有长柔毛，顶端全部刺状锐尖，外面数层小，卵形，长2～2.5毫米，宽约1毫米，中间数层狭卵形至卵状披针形，长3.5～5毫米，宽1.5～2毫米，最内层长圆状披针形，长约10毫米，宽约2毫米；花托狭，凹凸不平，直径约1.1毫米，无毛。花全部两性，花冠管状，长约10毫米，檐部不等5裂，裂片长圆状披针形，远长于花冠管；雄蕊5枚，花药长约6毫米，顶端芒尖，基部具长约2毫米的尾部；花柱线形，约与花冠等长，花柱分枝短、扁，顶端钝。瘦果圆柱形，长5～6毫米，密被白色长柔毛。冠毛粗糙，干时污白色，长约10毫米。花期6—9月。

[分布环境]分布于云南省西北部丽江永宁、迪庆德钦、香格里拉海拔2400～3400米的干旱沟旁、向阳山坡。

5. 双花千里光

[科属]菊科，合耳菊属。

[形态]多年生草本，高达1米。地下茎粗壮，茎上部有密绒毛。叶片披针形。头状花序多数，在茎和枝端排列成伞状；伞房花序轴短或较长；花朵呈黄色。瘦果圆柱形。

[分布环境]分布于云南迪庆香格里拉、维西、德钦三市（县）海拔3000～3900米的山坡、灌丛、林缘、河滩。西藏东部、四川西部也有分布。

6. **藏蒲公英**

[科属]菊科，蒲公英属

[形态]多年生草本。叶倒披针形，通常羽状深裂，少为浅裂。头状花序，总苞钟形；花冠黄褐色或淡黄白色。有时可见多数具白色冠毛的长椭圆形瘦果。

[分布环境]分布于云南迪庆德钦、香格里拉海拔4000～5200米的草甸、碎石滩。西藏、四川西部也分布。

7. **锡金蒲公英**

[科属]菊科，蒲公英属。

[形态]多年生草本。叶倒披针形。花葶长5～30厘米，无毛，稀有蛛丝状毛；头状花序直径40～50毫米；总苞钟形，长约15毫米，总苞片干后淡墨绿色至墨绿色；花朵为黄色、淡黄色乃至白色，先端有时带红晕，边缘花舌片背面有紫色条纹，花柱和柱头干时黑色。瘦果倒卵状长圆形，深紫色、红棕色至橘红色。

[分布环境]分布于云南西北部的德钦、香格里拉及丽江。生于海拔3800～5000米山坡、草地或流石滩。西藏南部也有分布。

8. **短喙蒲公英**

[科属]菊科，蒲公英属。

[形态]多年生草本。叶线状披针形，花葶1至数个，高3～9厘米，长于叶，上端被短蛛丝柔毛；头状花序直径13～18毫米；总苞钟状，花朵黄色，边缘花舌片背面有浅灰色或暗紫色条纹，柱头和花柱黄色或淡绿色。瘦果狭长圆形，草黄绿色，长5毫米，中部以上有小刺。花果期5—8月。

[分布环境]分布于云南迪庆德钦、香格里拉海拔4300～4800米的高

山草地、流石滩地。西藏、四川西部也有分布。

9. 大头蒲公英

[科属]菊科，蒲公英属

[形态]多年生草本。根颈部有褐色残存叶基。叶宽披针形或倒卵状披针形。花葶数个，与叶等长或稍长；头状花序大；总苞片干后黑色或墨绿色，有明显的白色或淡褐色膜质边缘；花黄色。瘦果倒披针形，黄褐色。

[分布环境]分布于云南西北部海拔 3600 ~ 4400 米的草甸、灌丛、林缘、河滩。西藏、青海、甘肃、四川也有分布。

10. 缘毛紫菀

[科属]菊科，紫菀属。

[形态]多年生草本。根状茎粗壮，木质。莲座状叶与茎基部的叶倒卵圆形，长圆状匙形或倒披针形。头状花序在茎端单生，径 3 ~ 4 厘米，稀达 6 厘米。总苞半球形，舌状花 30 ~ 50 个，舌片蓝紫色，管状花黄色。瘦果卵圆形，稍扁。花期 5—7 月，果期 8 月。

[分布环境]分布于云南西北部海拔 3000 ~ 4500 米的湿润草地、沼泽地及山坡草地。西藏东南部、甘肃南部、四川西部也有分布。

11. 丽江紫菀

[科属]菊科，紫菀属。

[形态]多年生草本。根状茎短，上端粗壮，茎直立，高 3 ~ 35 厘米，纤细。单生或与莲座状叶丛丛生，常紫色，被开展的长毛和紫色腺毛，中部以上常无叶。舌状花约 30 ~ 50 个，蓝紫色，稀浅红色。瘦果长圆形，长达 3 毫米，被白色疏毛或绢毛。花果期 6—8 月。

[分布环境]分布于云南西北部丽江、迪庆香格里拉、德钦等地，海拔 2200 ~ 4000 米的高山草甸、开旷坡地和河谷。四川西部、西藏东南部也有分布。

12. 须弥紫菀

[科属]菊科，紫菀属。

[形态]多年生草本。根状茎粗壮，被枯叶残片。莲座状叶倒卵形、倒披针形或宽椭圆形。头状花序在茎端单生；总苞半球形，舌状花 50 ~ 70 个，花朵呈蓝紫色。瘦果倒卵圆形、扁、褐色，花期 7—8 月。

[分布环境]分布于云南西北部丽江、大理剑川、澜沧江—怒江分水岭等海拔 3000 ~ 4600 米的高山草地、流石滩、沟谷。西藏东部、四川西部也有分布。

13. 德钦紫菀

[科属]菊科，紫菀属。

[形态]多年生草本。根状茎粗壮，被枯叶残片，有密集丛生的花茎和莲座状叶丛。莲座状叶倒卵圆形、倒披针形或匙形。头状花序在茎端单生；总苞半球形，花朵呈蓝紫色。

[分布环境]分布于云南迪庆德钦、香格里拉海拔 3500 ~ 4100 米的高山草甸、灌丛林缘、流石滩、草滩。

14. 怒江紫菀

[科属]菊科，紫菀属

[形态]多年生草本。根状茎细长，有时具匍枝。莲座状叶倒卵状匙形，茎部叶多少直立，长圆形、倒卵形或卵圆披针形。头状花序径 2 ~ 3 厘米，在茎端单生；总苞半球形，花朵为蓝紫色，稀有白色。瘦果狭倒卵形，长 4 毫米，宽 1.5 毫米，褐色，扁，有 2 ~ 4 肋，无毛或上部有毛。花期 7—9 月，果期 8—10 月。

[分布环境]分布于云南西北部的德钦县、维西县、贡山县等地。生长于海拔 2700 ~ 4600 米的灌丛林地、阴坡湿润草滩、高山草甸。

15. 重冠紫菀

[科属]菊科，紫菀属。

[形态]多年生草本。根状茎粗壮，有顶生的茎或莲座状叶丛。头状花序单生，总苞半球形，花朵为蓝色或蓝紫色。瘦果倒卵圆形。花期 7—9 月，果期 9—12 月。

[分布环境]分布于云南西北部的大理鹤庆、丽江、迪庆维西、德钦、香格里拉等地。生长在 3600 ~ 4500 米的高山灌丛、阴坡草地、沟谷阶地。西藏、青海南部、四川西部也有分布。

16. 萎软紫菀

[科属]菊科，紫菀属。

[形态]多年生草本，株高 5 ~ 40 厘米。根状茎细长，有时具匍枝。基

部叶呈莲座状，叶匙形或长圆状匙形；中部叶长行圆形或长圆状针形，基部常半抱茎；上部叶小，条形，两面被长毛或无毛。头状花序，总苞半球形，花朵为蓝色、紫色，罕见淡红色。花期6—8 月。

[分布环境]分布于云南省西北部 3600 ~ 5200 米的高山草地、灌丛及石砾地。西藏、青海、甘肃、西川也有分布。

17. 飞　蓬

[科属]菊科，飞蓬属。

[形态]多年生草本。根状茎木质，株高 40 ~ 90 厘米。叶互生，倒披针形或倒披针状匙形，白绿色，具翅叶柄，边缘有锯齿。头状花序伞房簇生，花朵有蓝、桃红、白等色。花期 7—9 月。

[分布环境]在云南省分布较广，海拔 1800 ~ 2500 米的草坡、林缘、草甸，田埂地旁、路边均有分布。西藏东南部、四川西部也有分布。

18. 火绒草

[科属]菊科，火绒草属。

[形态]多年生草本，株高 10 ~ 25 厘米。全株密被灰白色绵毛。根茎粗，有分枝；茎丛生，有花茎和不育茎，直立或斜升。叶互生，长圆形或线状披针形。头状花序，花朵为白色，瘦果长圆形，被短柔毛；冠毛白色，1 层，粗毛状，长约 5 毫米。花果期 7—8 月。

[分布环境]分布于云南迪庆香格里拉、维西、德钦三市（县）海拔 2200 ~ 3700 米的山坡、草甸、干河滩。西藏、青海、甘肃、四川也有广泛分布。

19. 毛香火绒草

[科属]菊科，火绒草属。

[形态]根状茎粗厚。叶稍直立或开展，卵圆状披针形或卵圆状线形。头状花，花呈白色，基部稍带黄色。瘦果有乳头状突起或短粗毛。花期 7—9 月。

[分布环境]分布于云南西北部德钦、鹤庆、维西、香格里拉等县（市）海拔 3800 ~ 4800 米的高山溪谷岸、旱燥草地。西藏中部、四川西北部也有分布。

20. 乳白香青

[科属]菊科，香青属。

[形态]多年生草本。株高15～40厘米，全株密被灰白色绒毛。根状茎粗壮，木质化，多分枝。叶片线状长圆形。头状花序，总苞钟状，花朵为乳白色。瘦果圆柱形。花果期7—9月。

[分布环境]分布于云南省迪庆香格里拉、维西、德钦三市（县）海拔2700～4200米的山地草坡、林缘。青海东南部、西藏东南部、甘肃南部、四川西部均有分布。

21. 黄帚橐吾

[科属]菊科，橐吾属。

[形态]多年生草本。茎直立，灰绿色，株高15～80厘米。根肉质，多数，簇生。头状花序组成总状花序，总梗短，舌状与管状；花黄色；冠毛白色，粗毛状。瘦果长圆形。花果期7—9月。

[分布环境]分布于云南西北部海拔3200～4400米的高山沼泽边缘、山麓草甸、滩地水沟边。青海、西藏、四川也有分布。

22. 苍山橐吾

[科属]菊科，橐吾属。

[形态]多年生草本。株高15～120厘米，根肉质，被毛。叶片长圆状卵形或卵形，稀为圆形。头状花序多数，辐射状；小苞片线形；总苞钟形，花为黄色。瘦果白色，长圆形，长5～6毫米，光滑。花果期6—9月。

[分布环境]分布于云南西北部至东北部，海拔2700～3800米的山谷草地、草场。四川西部也有分布。

23. 飞　廉

[科属]菊科，飞廉属。

[形态]二年生或多年生草本。株高30～100厘米，茎圆柱形，具纵棱，并附有绿色的翅，翅有针刺。叶椭圆状披针形，羽状深裂，裂片边缘具刺。头状花序干缩；总苞钟形，黄褐色；花紫红色；冠毛刺状，黄白色，气味微弱。花果期6—10月。

[分布环境]分布于云南省大多数地区海拔2700～4300米的草坡、灌

从、疏林下、河谷沟边滩地。西藏东南部、四川西部也有分布。

24. **柴胡叶垂头菊**

[科属]菊科，垂头菊属。

[形态]多年生草本。全株灰绿色，根肉质，多数。茎单生，直立，高20~40厘米。头状花序单生，辐射状，下垂；总苞半球形，花黄色。花期6—8月。

[分布环境]主要分布于云南迪庆境内海拔4100~4500米的草甸、灌丛林缘草地。四川西部也有分布。

25. **星状雪兔子**

[科属]菊科，风毛菊属。

[形态]一年生或二年生草本。全株光滑无毛。叶莲座状，星状排列，线状披针形。状花序无小花梗，多数，在莲座状叶丛中密集成半球形的直径为4~6厘米的总花序；小花紫色。冠毛白色，2层，外层短，糙毛状，长3毫米；内层长，羽毛状，长1.3厘米。瘦果圆柱状，长5毫米，顶端具膜质的冠状边缘。花果期7—9月。

[分布环境]分布于云南迪庆境内海拔3300~4500米的高山草甸、河滩草地及沼泽草甸。西藏、青海、甘肃南部、四川西部也有分布。

26. **金沙绢毛菊**

[科属]菊科，绢毛苣属。

[形态]多年生草本。茎通常极短，极少有高至24厘米者。头状花序多数，团伞状，生于茎顶或根颈顶端的莲座状叶丛中；舌状小花4枚，黄色。冠毛黄色或灰色，长达1.1厘米，细锯齿状。瘦果微压扁，圆柱状，长4毫米，顶端截形，有多条（达20条）粗细不等的细肋。花果期7—9月。

[分布环境]分布于云南迪庆境内海拔3400~5200米的高山草甸、流石坡或阴坡灌丛林中。西藏、青海、甘肃、四川西部也有分布。

鹿蹄草科

1. **鹿蹄草**

[科属]鹿蹄草科，鹿蹄草属。

[形态]常绿草本状小半灌木，株高 10 ~ 30 厘米。根茎细长，横生，斜升，有分枝。叶椭圆形或圆卵形，稀近圆形，边缘近全缘或有疏齿，上面绿色，下面常有白霜，有时带紫色。总状花序，花冠广开，较大，白色，有时稍带淡红色；花瓣倒卵状椭圆形或倒卵形，有小角，黄色。花期 6—8 月，果期 8—9 月。

[分布环境]分布于云南迪庆香格里拉、维西、德钦三市（县）海拔 2500 ~ 3400 米的阴湿山坡、林下、沟谷两旁，岩石缝中。西藏东南部、青海东南部、甘肃南部、四川西部也有分布。

2. 大理鹿蹄草

[科属]鹿蹄草科，鹿蹄草属。

[形态]常绿草本状小半灌木，高 20 ~ 27 厘米。根茎细长，横生，斜升，有分枝。叶宽卵形或倒卵形或近圆形，边缘有明显圆齿，上面绿色，叶脉凹陷呈皱褶，下面淡绿色常带红褐色，叶脉隆起。总状花序，花冠碗形，黄绿色，外面带红色，脉绿色；花瓣卵圆形或近圆形。蒴果扁球形，直径 5 ~ 7 毫米。

[分布环境]分布于云南迪庆香格里拉、维西、德钦三市（县）海拔 2300 ~ 3400 米的山坡林地、针阔混交林下。西藏东南部、甘肃南部、四川西北部也有分布。

毛茛科

1. 察瓦龙翠雀花

[科属]毛茛科，翠雀属。

[形态]多年生草本。茎高 10 ~ 22 厘米，粗 4 ~ 6 毫米，疏被短柔毛或无毛。叶 2 ~ 3 枚生于茎基部，具长柄，长 2.2 ~ 4.2 厘米，其叶形与短距翠雀花相似，两面疏被短柔毛。伞房花序具 2 ~ 4 朵花；花梗长 5.5 ~ 7 厘米；小苞片生花梗中部或上部，椭圆形；萼片 5，蓝紫色，宽卵形，长 2.2 ~ 3厘米，上面萼片的距比萼片短，襄伏，长约 9 毫米；花瓣 6，有距；退化雄蕊 2，黑褐色，具长爪，瓣片矩圆形，2 裂，中央有黄色髯毛；雄蕊多数，花丝披针状条形；心皮 5。花期 7—8 月。

[分布环境]分布于云南迪庆德钦县梅里雪山、白马雪山，香格里拉市

红山海拔4600~5800米的高山流石滩。

2. 宽距翠雀花

[科属]毛茛科，翠雀属。

[形态]多年生草本。全株密被反曲短柔毛，茎高15~25厘米，常不分枝，茎中部叶片五角形，长2.7~3.7厘米，宽5.5~7.5厘米，3深裂，侧裂片，不等2深裂，两面被短毛。总状花序具2~4花，苞叶下部叶状，上部线形，梗长15~50毫米；小苞片生花梗上部，线形，长10~18毫米；萼片紫蓝色，上萼片卵形，余片圆形，长17~22毫米，被短柔毛，距圆筒形；花瓣蓝色；退化雄蕊蓝色，爪与瓣片近等长，腹面有黄髯毛；雄蕊多数；心皮3，子房密被短柔毛。花期7—8月。

[分布环境]分布于云南迪庆香格里拉、维西、德钦三市（县）海拔4000~4500米的高山砾石草滩。青海东南部、四川西部也有分布。

3. 川西翠雀花

[科属]毛茛科，翠雀花属。

[形态]多年生草本，株高50~120厘米，上部分枝。茎基部叶在花期枯萎；中部叶柄约与叶片等长，叶片五角形，长7~9厘米，宽8~12厘米；3深裂，中裂片中部以上3浅裂，缘有小裂片和齿，侧裂片不等2深裂，两面疏被糙毛或近无毛；茎上部叶片渐小。总状花序生枝端，下部苞片叶片状，上部的线形或丝状；花梗长2~7厘米，与轴密被黄腺毛，小苞片生于梗上部，丝状；萼片蓝紫色，外面疏被毛，上萼片长13~17毫米，距钻形；花瓣紫色，退化雄蕊紫色，腹面有黄髯毛；心皮3，子房疏被毛。蓇葖果长14~21毫米；子黑褐，倒卵形。花期7—8月。

[分布环境]分布于云南迪庆香格里拉、德钦海拔2100~3900米的疏林草坡、荒山坡。四川西部也有分布。

4. 丽江翠雀花

[科属]毛茛科，翠雀花属。

[形态]茎高10~50厘米，叶5~7生于茎基部或近基部处，有长柄；叶片五角状圆形，直径4.5~6厘米，总状花序有1~4花，花瓣蓝色。花期8—9月。

[分布环境]分布于云南省西北部丽江、迪庆德钦、香格里拉海拔

4000～4500米的高山砾石草滩。青海东南部、四川西部也有分布。是中国特有植物。

5. **美丽乌头**

[科属]毛茛科，乌头属。

[形态]多年生草本。块根小，倒圆锥形，长约7厘米。茎的地上部分高6.5～30厘米，无毛。叶片轮廓圆五角形，长1～2厘米，宽2～3.5厘米。萼片5，蓝色，上萼片盔状船形，自基部至喙长1.7～2厘米，侧萼片长1.3～1.6厘米；花瓣2，无毛，距长约1.5厘米；雄蕊多数；心皮5，子房有短柔毛。花期8—9月。

[分布环境]分布于云南迪庆香格里拉市大雪山、哈巴雪山、红山，维西县嘛吉哇山、碧罗雪山，德钦县白马雪山、瑞子雪山、梅里雪山等地，海拔3600～4600米的高山草坡或灌丛。西藏东南部、四川西南部也有分布。

6. **长序美丽乌头**

[科属]毛茛科，乌头属。

[形态]本品为美丽乌头的变种，其形态区别为：茎被开展的短柔毛；总状花序狭长，长达220毫米，有花5～9朵；花瓣和雄蕊有疏毛。

[分布环境]分布于云南迪庆香格里拉市大雪山、红山，德钦县白马雪山、梅里雪山海拔4300米的高山灌丛、草坡。四川西部也有分布。

7. **瓜叶乌头**

[科属]毛茛科，乌头属。

[形态]多年生草本植物。茎缠绕，无毛，分枝。茎中部的叶片轮廓五角形或卵状五角形，中央裂片梯状菱形，渐尖，上部边缘具粗牙齿。花序含2～12花，花朵呈蓝紫色，果长圆筒形。花期8—10月，果期10—11月。

[分布环境]分布于云南省西北部地区，迪庆维西县澜沧江沿岸，香格里拉市金沙江沿岸海拔1800～2200米的沟谷灌丛、林地。

8. **露蕊乌头**

[科属]毛茛科，乌头属。

[形态]一年生草本。直根圆锥状，具较多须根和支根。茎直立，通常

有分枝，高 10 ~60 厘米，直径 1. 5 ~5 毫米，具纵纹，上部尤显，绿色或带紫色，被稀或密的短柔毛，下部有时变无毛。叶片轮廓宽卵形或三角状圆形，总状花序有 3 ~10 余朵花，密被柔毛；基部苞片叶状，下部苞片三裂，中部以上苞片披针形至线形；花梗长 1 ~5 厘米；小苞片生于花梗上部或顶端，叶状至线形，长 5 ~15 毫米；花朵为蓝紫色，少有白色。蓇葖果多为 8 个。花果期 5—9 月。

[分布环境]分布于云南省西北部迪庆香格里拉市、德钦县海拔 2800 ~4300 米的高山草坡，田边或河边、灌丛林缘。青海东部、西藏、甘肃南部、四川西部也有分布。

9. 德钦乌头

[科属]毛茛科，乌头属。

[形态]多年生草本植物。块根圆锥或圆柱状，长 40 ~100 毫米。茎高 0. 8 ~1 米，被伸展淡黄色短柔毛，不分枝或有短分枝。中部叶片圆五角形，总状花序，花开 15 ~20 朵；花梗长 20 ~90 毫米，花朵为蓝紫色。花期 8 月。

[分布环境]分布于云南省西北部的迪庆德钦县白马雪山、梅里雪山海拔 3000 ~4600 米的草坡、沟谷灌丛。西藏东南部也有分布。

10. 中甸乌头

[科属]毛茛科，乌头属。

[形态]多年生草本。块根圆锥形。叶片五角形，长约 6. 8 厘米，宽约 10 厘米，基部宽心形，3 深裂，中央裂片菱形，表面疏被紧贴的短柔毛。顶生总状花序长 38 ~70 厘米，有多数花；轴和花梗密被伸展的淡黄色短柔毛，并混有反曲的小毛；下部苞片叶状，上部的线形；小苞片生花梗上部或中部，狭线形；萼片蓝色，上萼片盔形或高盔形，高 1. 5 ~2 厘米，自基部至喙长约 1. 6 厘米，下缘稍凹，喙短；花瓣无毛，唇长约 4 毫米，距长约 1. 2 毫米，向后弯曲；雄蕊无毛，花丝多全缘，有时生 2 小齿；心皮 5，无毛，蓇葖长 1 ~1. 5 厘米。种子三棱形，背部密生横翅。花期 7—8 月。

[分布环境]分布于云南迪庆香格里拉市、德钦县海拔 3300 ~4200 米的山地、草坡。

11. **新都桥乌头**

[科属]毛茛科，乌头属。

[形态]多年生草本。块根倒圆锥形，粗 4 ~ 6 毫米。茎与花轴、花梗均疏被反曲短柔毛。茎中部叶有柄，叶片五角形，3 全裂，各又有深裂，基心形，表面疏生短伏毛。总状花序顶生，花 10 ~ 13 朵，下部多数苞片叶状，近顶生的钻状，花梗长 7 ~ 40 毫米；萼片堇蓝色，上萼片镰刀形，由基至喙长 15 ~ 23 毫米，宽约 5 毫米，侧萼片长 10 ~ 15 毫米，下萼片狭椭圆形；花瓣片长约 6 毫米，唇长 3.5 毫米，端微凹，距长 1 ~ 1.5 毫米，爪密生短毛；心皮 3。花期 7—8 月。

[分布环境]分布于迪庆香格里拉市大雪山，德钦县梅里雪山、白马雪山海拔 3800 ~ 4600 米的草坡、灌丛林缘。西藏东南部、四川西部也有分布。

12. **云岭乌头**

[科属]毛茛科，乌头属。

[形态]多年生草本。块根倒圆锥形，长约 5 厘米，粗约 1.2 厘米。茎高约 60 厘米，不分枝，疏被反曲的短柔毛。等距地生叶，下部茎生叶在开花时枯萎，中部茎生叶具长柄；叶柄长 3 ~ 5.5 厘米，无毛；叶片五角形，顶端渐尖，侧深裂片扇形，不等 2 裂。顶生总状花序长约 10 厘米，疏生 6 朵花，花序轴和花梗无毛；色片叶状，花梗长 2 ~ 5 厘米；具有 2 枚小苞片生于花梗顶部，无毛，长 3 ~ 5 毫米，宽约 1 毫米；萼片蓝色，上萼片船形，高约 1.5 厘米，自基部至喙长 2.5 ~ 3 厘米，无毛，侧萼片宽倒卵形、长和宽均约 2.2 厘米，外面无毛，内面疏被短柔毛，下萼片倒卵形，花瓣无毛，瓜的顶部腺状弯曲瓣片约 1.2 厘米，唇长约 4 毫米，顶端稍凹，距长约 2.5 毫米，向后弯曲；雄蕊无毛，花丝有 2 枚小齿，心皮 5，无毛。

[分布环境]分布于迪庆维西县、德钦县海拔 3800 ~ 4200 米的高山草甸。

13. **拟康定乌头**

[科属]毛茛科，乌头属。

[形态]多年生草本。块根胡萝卜形，长约 10 厘米。茎高 80 ~ 200 厘米，上部有反曲的微柔毛。中部茎生叶具稍长柄；叶片五角形，长 4.2 ~

7.5 厘米，宽 6 ~ 8 厘米，3 深裂，中央裂片菱形，渐尖，3 浅裂，侧生裂片不等 2 裂。花序长达 40 厘米，密生伸展的短柔毛；花梗长 1.5 ~ 4 厘米；小苞片生花梗中部附近；萼片 5，淡蓝紫色，上萼片盔形，高 1.7 ~ 2 厘米，下缘斜展，长 1.5 ~ 1.8 厘米；花瓣 2，有短毛，爪长，顶端膝状弯曲；雄蕊多数，花丝生短毛；心皮 3。

[分布环境]在云南主要分布于迪庆香格里拉市海拔 3800 ~ 4300 米的高山草甸、林缘灌丛。四川西部为主分布区。

14. 丽江乌头

[科属]毛茛科，乌头属。

[形态]多年生草本。茎高 0.7 ~ 1 米。块根圆锥形，棕色或深棕色，断面白色，上中部散在多体中柱，深棕色；根的下部则为管状中柱。茎与全体被反曲的短柔毛，上部分枝或不分枝。茎中部以上叶具短柄或近无柄，叶片坚纸质，轮廓为宽卵形或五角形，70 ~ 100 毫米，3 深裂，基部浅心形。总状花序具多数密集的花，下部饱片叶状，上部变线形；萼片紫蓝色，上萼片盔状，17 ~ 11 毫米，喙短；花瓣无毛，顶向外弯，唇长 5 毫米，端 2 浅裂，距约 1 毫米；心皮 5。花期 9 月。

[分布环境]主要分布于迪庆德钦县梅里雪山海拔 3200 ~ 4200 米的高山草甸、林缘。

15. 铁棒锤

[科属]毛茛科，乌头属。

[形态]多年生草本，株高 26 ~ 100 厘米。块根倒圆锥形。茎不分枝或分枝，仅上部疏生短柔毛。茎生叶，下部者具长柄，在花期枯萎；中部者叶片阔卵形，长 3.4 ~ 5.5 厘米，宽 4.5 ~ 5.5 厘米，3 全裂，裂片再细裂，小裂片线形，宽 0.6 ~ 2.2 厘米，两面无毛；叶柄长 4 ~ 5 毫米。总状花序长 6 ~ 20 厘米，具 8 ~ 35 花；花序轴和花梗密被伸展黄色短柔毛；花梗长 2 ~ 6 毫米；萼片黄色，常带绿色，有时蓝色，外面被近伸展之短柔毛，上萼片船状镰刀形或镰刀形，具爪，下缘长 1.6 ~ 2 厘米，弧状弯曲，外缘斜，侧萼片圆状倒卵形，长 1.2 ~ 1.6 厘米，下萼片斜长圆形；花瓣无毛或具柔毛，瓣片长约 8 毫米，唇长 1.5 ~ 4 毫米，距长不及 1 毫米，向后弯曲，花丝全缘，无毛或疏生短毛；心皮 5，无毛或子房被伸展短柔毛。蓇

蓇葖果，长 1.1 ~ 1.4 厘米。花期 7—9 月。

[分布环境] 主要分布于云南省西北部迪庆香格里拉市小中甸、格咱、东旺等乡（镇），德钦县白马雪山、梅里雪山、甲午雪山、润子雪山等，海拔 3000 ~ 4500 米的高山草甸、林缘。西藏东南部、青海东部、甘肃南部、四川西部均有分布。

16. 伏毛铁棒锤

[科属] 毛茛科，乌头属。

[形态] 多年生草本，株高约 30 ~ 60 厘米。茎直立，仅上部密被短柔毛。叶互生，茎下部叶果期枯落；茎生叶密集于中部以上，有短柄或近无柄，茎下部叶有稍长柄；叶片肾状五角形，3 深裂，裂片再 2 ~ 3 回羽状深裂，小裂片线形至披针状线形，边缘有短柔毛，两面近无毛。总状花序顶生，小花密集；花序轴和花梗密生反曲短柔毛；花梗长 1 ~ 5 毫米，顶部有 2 线形小苞片；萼片暗紫蓝色，外面密被柔毛；上萼片船形，自基部至喙长1 ~ 1.5厘米，侧萼片斜宽倒卵形，下萼片狭椭圆形；花瓣无毛，距短，向后弯曲；花丝下部被疏柔毛；花药蓝黑色；心皮 5，密被开展的长柔毛。蓇葖果长圆形，长约 1.5 厘米，无毛。花期 8—9 月，果期 9—10 月。

[分布环境] 主要分布于迪庆香格里拉市小中甸、格咱、东旺等乡（镇），德钦县白马雪山、梅里雪山、甲午雪山海拔 3200 ~ 4700 米的高山草甸、灌丛、林缘。青海、西藏、甘肃，四川西部均有分布。

17. 工布乌头

[科属] 毛茛科，乌头属。

[形态] 多年生草本植物。块根近圆柱形，长 8 厘米，粗 1.5 厘米。茎直立，粗壮，高达 180 厘米，上部与花序均密被反曲的短柔毛，不分枝或分枝。叶心状卵形，多少带五角形，长及宽均达 15 厘米，3 全裂，中央全裂片菱形，基部狭楔形，自中部向上近羽状深裂，深裂片线状披针形或披针形，侧全裂片斜扇形，不等 2 深裂近基部，两面无毛或沿脉疏被短柔毛；最下部叶柄与叶片等长，其他的则比叶片短得多。总状花序长达 60 厘米，有多数花，与分枝的花序形成圆锥花序；下部苞片叶状，其他苞片披针形或钻形；花梗长 1 ~ 10 厘米；小苞片生花梗中部之上或中部附近，下部花梗的小苞片大，似叶，上部花梗的小，线形；萼片白色带紫色或淡紫色，

外面被短柔毛，上萼片盔形，有时船状盔形，具短爪，高1.5~2厘米，自基部至喙长1.5~2厘米，下缘凹，外缘稍斜，喙三角形，长约5毫米，侧萼片长1.5厘米，下萼片长1.3~1.5厘米；花瓣疏被短毛，瓣片长约8毫米，唇长约3.5毫米，末端微凹，距长约2毫米，向后反曲；雄蕊无毛，花丝全缘；心皮3~4，无毛或疏被白色短柔毛。花期7—8月。

[分布环境]主要分布于香格里拉市小中甸、格咱、东旺等乡（镇），德钦县白马雪山、梅里雪山、甲午雪山海拔3200~4700米高山草甸、灌丛、林缘。青海、西藏、甘肃，四川西部均有分布。

18. 显柱乌头

[科属]毛茛科，乌头属

[形态]茎高70~90厘米，被反曲而紧贴的短柔毛，等距地生叶，不分枝。茎下部叶在开花时枯萎，中部叶具稍长柄；叶片五角形，长5.5~8厘米，宽8.5~12厘米，3深裂至距基部6~8毫米处，深裂片互相多少覆压，中央深裂片宽菱形，侧深裂片斜扇形，不等2裂稍超过中部，表面疏被紧贴的短柔毛或只沿脉被短柔毛，背面几无毛；叶柄较叶片稍短或近等长，疏被反曲的短柔毛。总状花序长17~25厘米，有7~20朵花；轴下部密被反曲的淡黄色短柔毛，上部被伸展的短柔毛；苞片叶状，具柄，向上逐渐变小；花梗长3~12厘米，密被伸展的短柔毛；小苞片生花梗上部，下部花梗的叶状或3裂，长1.5~3.5厘米，上部的多不分裂，长圆形、线形或狭线形，长0.5~1.6厘米；萼片蓝紫色或白色，外面疏被短柔毛或无毛，上萼片盔形或船状盔形，稍向上斜，自基部至喙长2~3厘米，喙短，侧萼片圆倒卵形或宽倒卵形，长1.7~2.3厘米；花瓣的爪中部以上被短柔毛，唇长约5.5毫米，疏被短柔毛，距无毛，长约2.5毫米，向后弯曲；雄蕊无毛，花丝全缘或有2枚小齿；心皮5，子房密被淡黄色柔毛。花期8—10月。

[分布环境]分布于迪庆维西县、德钦县海拔3800~4200米的高山草甸。

19. 长柱乌头

[科属]毛茛科，乌头属。

[形态]茎最下部叶在开花时枯萎。中部叶片心状五角形，长7~8.2

厘米，宽 11 ~12 厘米，3 深裂至距基部约 4 毫米处，中央深裂片楔状菱形，3 浅裂，浅裂片有小裂片或牙齿，侧深裂片斜扇形，不等 2 深裂，两面沿脉有极稀疏的短柔毛；叶柄长 5 ~9 厘米，几无毛。总状花序长约 6 厘米，约有 6 花；轴上部和花梗有较密的白色开展短柔毛；苞片多为叶状；花梗长 1 ~3 厘米，向上斜展；小苞片生花梗中部，钻形，长约 5 毫米；萼片外面无毛，片萼片有长爪（爪长约 9 毫米），船状盔形，自基部至喙长约 2.5 厘米，下缘凹，喙长约 5 毫米，水平展出，侧萼片斜宽倒卵形，长约 1.7 厘米，下萼片狭长圆形或线形，长约 9 毫米；雄蕊无毛，花丝全缘；心皮 4，无毛，花柱长约 4 毫米，子房长 3.2 毫米。花期 8 月。

[分布环境]分布于迪庆德钦县海拔 3800 ~4200 米的高山草甸。

20. 美丽唐松草

[科属]毛茛科，唐松草属。

[形态]多年生草本。茎高 80 ~120 厘米。茎中部叶具短柄，为三回三出或近羽状复叶；叶轴长约 25 厘米，顶生小叶菱状宽卵形，长 12 ~25 毫米，3 浅裂，疏被短毛。圆锥花序顶生，无毛或疏被短腺毛；花美丽，直径 1.5 ~2.4 厘米；花梗长 8 ~25 毫米；萼片 4，紫色；雄蕊多数，长约 8 毫米，花药狭长圆形，长 3 ~4 毫米；心皮 15 ~20。花期 7 月，果期 8 月。

[分布环境]分布于迪庆香格里拉、德钦、维西三市（县）海拔 2600 ~3800的山谷草地、林缘及灌丛林地。西藏察隅也有分布。

21. 钩柱唐松草

[科属]毛茛科，唐松草属。

[形态]多年生草本。茎高 50 ~90 厘米，上部分枝。叶为四至五回三出复叶；叶片长达 15 厘米，中央小叶楔状倒卵形或宽菱形，长达 13 厘米，宽达 10 毫米，基部宽楔形或圆形，3 浅裂；叶柄长约 7 厘米。复单歧聚伞花序狭长似总状花序；花直径为 6 毫米；花梗长 2 ~4 毫米；萼片 4，淡紫色，椭圆形，长约 3 毫米；雄蕊约 10 毫米，长约 7 毫米，花药长圆形，花丝上部狭线形，下部丝形；心皮 6 ~12，花柱长。瘦果扁，半月形，长 4 ~5 毫米，每侧有 3 条细纵肋，宿存花柱长约 2 毫米，顶端拳卷。花期 7—8 月，果期 8 月。

[分布环境]分布于迪庆香格里拉、维西、德钦三市（县）海拔

3200～4100米的灌丛林地及林缘草坡。西藏东部、青海东南部、四川西部也有分布。

22. 偏翅唐松草

[科属]毛茛科，唐松草属。

[形态]多年生草本，植株全部无毛。茎高30～80厘米，不分枝或分枝。叶为三至四回羽状复叶，下部叶有长柄，上部叶有短柄；叶片长10～30厘米，顶生小叶楔状宽倒卵形、倒卵形或圆卵形，长与宽均为5～18毫米，3浅裂，边缘全缘或有疏圆齿。圆锥花序长7～30厘米，花梗长8～25毫米；萼片4，淡紫色，卵形或狭卵形，长4～8毫米，雄蕊14～20毫米，长6～7毫米，花药狭长圆形，顶端有小短尖头，花丝丝形，顶部稍粗；心皮5—8，沿腹、背缝线（包括柄）有狭翅，每侧有2～3条细纵助，宿存花柱及柱头长约1毫米。花期7—8月，果期8—9月。

[分布环境]分布于迪庆香格里拉、维西、德钦三市（县）海拔2600～3400米的灌丛林地及林下、高山草坡。西藏东部、四川西部也有分布。

23. 毛果绣球藤

[形态]毛茛科，铁线莲属。

[形态]木质藤本。茎圆柱形，有纵条纹；小枝有短柔毛，后变无毛；老时外皮剥落。三出复叶，数叶与花簇生，或对生。小叶片卵形、宽卵形至椭圆形，长2～7厘米，宽1～5厘米，边缘缺刻状锯齿由多而锐至粗而钝，顶端3裂或不明显，两面疏生短柔毛，有时下面较密。花1～6朵与叶簇生，直径3～5厘米；萼片4，开展，白色或外面带淡红色，长圆状倒卵形至倒卵形，长1.5～2.5厘米，宽0.8～1.5厘米，外面疏生短柔毛，内面无毛；雄蕊无毛。瘦果扁，卵形或卵圆形，长4～5毫米，宽3～4毫米，无毛。花期4—6月，果期7—9月。

[分布环境]分布于迪庆境内海拔1700～3200米的路边地旁、林缘灌丛。西藏东南部、四川西部也有分布。

24. 合柄铁线莲

[科属]毛茛科，铁线莲属。

[形态]木质藤本。茎长1米左右，被白粉。一回羽状复叶；小叶片

5～7，卵形，长3～9厘米，宽2～6厘米，顶端渐尖，基部浅心形，边缘有卵形或宽卵形的牙齿，背面沿叶脉被短柔毛；叶柄长达7厘米，被白粉。聚伞花序圆锥状，腋生，长达14厘米；花序梗长2～5厘米；苞片叶状或线形；萼4，微黄色，排成狭钟形，内面被短柔毛，宿存羽状花柱长约30毫米，雄蕊长11～13毫米，花丝被绢状长柔毛。瘦果椭圆形，被短柔毛，宿存羽状花柱约3厘米。花期7月，果期8—9月。

[分布环境]分布于迪庆香格里拉、维西、德钦三市（县）海拔2200～3500米的山坡、林缘、灌丛草坡。西藏东南部、四川西部也有分布。

25. 甘川铁线莲

[科属]毛茛科，铁线莲属。

[形态]木质藤本。茎及分枝常呈紫色，疏被短柔毛。叶为二回羽状复叶；小叶2～3对，具长柄，顶生小叶椭圆形或椭圆状卵形，长约2厘米，顶端椭圆形，边缘有稀疏小齿或不明显的3浅裂，侧生小叶较小，背面被灰绿色柔毛；叶柄长3～4厘米。花单生于茎或枝端；花萼钟状，黄绿色稍带紫色，萼片4，椭圆形，长约15毫米，边缘有短柔毛；无花瓣；雄蕊多数，花丝有短柔毛；心皮多数，花柱宿存，有羽状毛。花果期6—8月。

[分布环境]分布于迪庆香格里拉、维西、德钦三市（县）海拔3000～4000米的灌丛林地、林缘、河谷两岸。西藏东部、甘肃南部、四川西部均有分布。

26. 长花铁线莲

[科属]毛茛科，铁线莲属。

[形态]木质藤本，长2～3米。茎六棱形，有浅纵沟纹，淡黄绿色或微带紫红色，被稀疏开展的曲柔毛。一至二回羽状复叶，连叶柄长12～20厘米，小叶5～9或更多，叶柄及叶轴上面有槽；小叶片宽卵圆形或卵状椭圆形，长4～5.5厘米，宽2～5厘米，顶端钝尖，基部心形、截形或楔形，边缘3裂，有粗锯齿或有时裂成3小叶，叶脉在表面微下陷，在背面隆起，两面均被平伏的柔毛，尤以背面叶脉上较密；小叶柄长1～2厘米；叶柄长3～4.5厘米。聚伞圆锥花序腋生，与叶近等长，花序梗长7～12厘米，在花序的分枝处生一对膜质的苞片，苞片卵圆形或卵状椭圆形，长1.5～2厘米，全缘或有时3裂；花萼钟状，顶端微反卷，直径1.5～2厘米，芳香；

萼片4枚，淡黄色，长方椭圆形或窄卵形，长1.5~2.5厘米，宽0.5~1厘米，内面无毛，外面被平伏的短柔毛，边缘被白色绒毛；雄蕊长为萼片之半（长1~1.5厘米），花丝线形，被开展的柔毛，花药黄色，长椭圆形，长2~3毫米；心皮被短柔毛，花柱被绢状毛。瘦果扁平，宽卵形或近于圆形，长约3毫米，棕红色，边缘增厚，被短柔毛，宿存花柱长2~2.5厘米，被长柔毛。花期7—8月，果期9月。

[分布环境]分布于迪庆香格里拉市、德钦县海拔3200~4300米的林下、灌丛、沟谷。西藏东南部、四川西部也有分布。

27. 毛茛状铁线莲

[科属]毛茛科，铁线莲属。

[形态]半灌木。茎初直立，高达35厘米，或攀援而长达4米，连同分枝和花序均有伸展的短柔毛。叶对生，为三出复叶或为具5小叶的羽状复叶；小叶卵形，长2.2~7厘米，宽1.8~5厘米，不裂或3裂，边缘有牙齿，生短柔毛；叶柄长2~9.5厘米。花序有1~3花；花梗长3~10厘米；花萼钟形，淡紫红色，萼片4，狭卵形，长约1.2厘米，顶端钝，反曲，边缘有短绒毛，中脉具翅；无花瓣；雄蕊多数，花丝条形，连同花药密生长柔毛。瘦果卵形，扁，长约2厘米，有短毛，羽状花柱长达2厘米。

[分布环境]迪庆香格里拉、维西、德钦三市（县）海拔2200~3000米的山坡草地或灌丛有分布。四川西部也有分布。

28. 甘青铁线莲

[科属]毛茛科，铁线莲属。

[形态]落叶藤本。主根粗壮，木质。茎具棱，幼时被长柔毛，后脱落。叶对生，一回羽状复叶；叶柄长2~7.5厘米；小叶5~7，叶片浅裂、深裂或全裂，中央裂片较大，侧裂片小，卵状长圆形、狭长圆形或披针形，长3~4厘米，宽0.5~1.5厘米，先端钝，有短尖头，基部楔形，边缘有不整齐缺刻状锯齿，上面有毛或无毛，下面有疏长毛。花单生，有时为单聚伞花序，有3朵花，腋生；花序梗粗壮，长4.5~20厘米，有毛；花两性；萼片4，狭卵形、椭圆状长圆形，长1.5~3.5厘米，黄色外面带紫色，斜上展，先端渐尖或急尖，外面边缘被短绒毛，中间被柔毛，内面无毛或近无毛；花瓣无；雄蕊多数，花丝下面稍扁平，被开展的柔毛，花

药无毛；心皮多数，密生柔毛。瘦果倒卵形，长约 4 毫米，有长柔毛，宿存花柱羽毛状，长达 4 厘米。花期 6—9 月，果期 7—10 月。

[分布环境]分布于迪庆香格里拉、维西、德钦三市（县）海拔 3000 ~ 4000 米的灌丛林地、林缘、河谷两岸。西藏东部、甘肃南部、四川西部均有分布。

29. **条叶银莲花**

[科属]毛茛科，银莲花属。

[形态]多年生草本，植株高 10 ~ 18 厘米。基生叶 5 ~ 10，有短柄或长柄；叶较狭，线状倒披针形、倒披针形或匙形，基部渐狭，不分裂，顶端有 3 ~ 6 锐齿，偶尔全缘或不明显 3 浅裂。花葶 1 ~ 4，有疏柔毛；苞片 3，无柄，狭倒卵形或长圆形；萼片 5 ~ 6，白色、蓝色或黄色，倒卵形；心皮 13 ~ 20，子房密被黄色柔毛。根状茎粗 0.8 ~ 1.8 厘米。基生叶 5 ~ 10，有短柄或长柄；叶片菱状倒卵形或宽菱形，长 2 ~ 3.8 厘米，宽 1.7 ~ 3.7 厘米，基部楔形或宽楔形，3 浅裂，两面密被长柔毛；叶柄不明显或明显，长达 3 ~ 7 厘米，扁平，基部稍变宽。花葶 1 ~ 4，有疏柔毛；苞片 3，无柄，狭倒卵形或长圆形，长 0.8 ~ 1.5 厘米，宽 3 ~ 8 毫米，顶端有 3 钝齿或全缘；花梗 1，长 0.5 ~ 3 厘米；萼片 5 ~ 7，黄色，倒卵形，长0.7 ~ 1.4 厘米，宽 4 ~ 9 毫米，顶端圆形，外面中部有密柔毛；雄蕊长 3 ~ 4 毫米，花药椭圆形；心皮约 8，子房密被淡褐色柔毛。花期 5—6 月。

[分布环境]主要分布于迪庆香格里拉市、德钦县海拔 3800 ~ 4500 米的高山稀疏灌丛、林地及草甸。西藏东部、青海东南部、甘肃南部、四川西部均有分布。

30. **密毛银莲花**

[科属]毛茛科，银莲花属。

[形态]植株高 10 ~ 45 厘米。基生叶 5 ~ 13，有长柄；叶片卵形，长 3 ~ 4厘米，宽 3.2 ~ 4.5 厘米，基部心形，3 全裂，中全裂片菱状宽卵形，基部宽楔形，突缩成短柄（长 3 ~ 5 毫米），3 深裂，深裂片浅裂，末回裂片卵形，顶端急尖，侧全裂片较小，近无柄，卵形，不等 3 深裂，各回裂片互相多少覆压，表面变无毛，背面有稍密的长柔毛；叶柄长 9 ~ 15 厘米，与花葶都有开展的长柔毛（毛长 2.5 ~ 4.5 毫米），基部有狭鞘。花葶 1 ~

3；苞片3，无柄，长1.2～2.4厘米，3深裂，裂片线形，有长柔毛；伞辐1～5，长1.5～8.5厘米，有柔毛；萼片5～6，蓝色或紫色，偶尔白色，倒卵形或椭圆状倒卵形，长1～1.8厘米，宽0.5～1.2厘米，外面有疏柔毛；雄蕊长2.5～5毫米；心皮无毛。瘦果扁平，椭圆形或倒卵形，长5.5～7毫米，宽约5毫米。花期6—7月。

[分布环境]主要分布于迪庆香格里拉市、德钦县海拔3800～4500米高山稀疏林地及草甸。西藏东部、青海东南部、甘肃南部、四川西部也有分布。

31. 迭裂银莲花

[科属]毛茛科，银莲花属。

[形态]多年生草本。叶基生，叶片狭卵形，长1.5～2.8厘米，宽1.1～2.2厘米，两面被白色长柔毛，基部心形，3全裂，中央裂片具柄，卵形或狭卵形，二回分裂，侧裂片近无柄，宽卵形，不等3裂；叶柄长3～4厘米，密被长柔毛。花葶近直立或斜上，长4.5～13厘米，密被白色长柔毛。总苞片3，稍不等大，长1～1.6厘米，两面被白色长柔毛，3裂；花单生茎顶；花梗长1～3.5厘米；萼片6～9，花白色或深紫色，卵形、倒卵形或狭倒卵形，长1.1～1.3厘米；花瓣缺；雄蕊多数，花丝条形；心皮约30，无毛或疏被白色长柔毛，花柱短。瘦果扁，宽椭圆形，长约6毫米。花期6—7月。

[分布环境]主要分布于迪庆香格里拉市、德钦县海拔3800～4500米的高山稀疏灌丛、林地及草甸。西藏东部、青海东南部、甘肃南部、四川西部均有分布。

32. 宽叶展毛银莲花

[科属]毛茛科，银莲花属。

[形态]多年生草本。基生叶5～13片，具长柄，长9～15厘米；叶片卵形或心形五角形，长3～4厘米，宽2～3厘米，两面密被白色长柔毛，3全裂，中央裂片菱状阔卵形，裂片3深裂，边缘有齿，侧裂片较小，不等3裂，表面无毛，背面密被长柔毛。花葶1～2条，直立或斜上升，长14～40厘米，被密长柔毛。总苞片3，长1～2厘米，3裂，两面被白色密长柔毛；伞形花序，顶生，具3～6花；萼片6，白色，倒卵形或椭圆形，长约

1 厘米，宽约 6 毫米，背面被白色绒毛；花瓣缺；雄蕊多数，花丝条形；心皮无毛。瘦果扁平，椭圆形，喙反曲。花期 6 一 7 月，果期 7—8 月。

[分布环境]分布于迪庆香格里拉、维西、德钦三市（县）海拔 4200 ~ 4700 米的高山灌丛、高山草甸。西藏东南部、青海东部、甘肃南部、四川西部均有分布。

33. 展毛银莲花

[科属]毛茛科，银莲花属。

[形态]多年生草本。基生叶 5 ~ 13 片，具长柄，长 9 ~ 15 厘米；叶片卵形或心形，长 3 ~ 4 厘米，宽 2 ~ 3 厘米，两面被白色长柔毛，3 全裂，中央裂片菱状阔卵形，裂片 3 深裂，边缘有齿，侧裂片较小，不等 3 裂，表面无毛，背面被柔毛。花葶 1 ~ 2 条，直立或斜上升，长 14 ~ 40 厘米，被稀疏长柔毛。总苞片 3，长 1 ~ 2 厘米，3 裂，两面被白色长柔毛；伞形花序，顶生，具 3 ~ 6 花；萼片 5，蓝色，倒卵形或椭圆形，长约 1 厘米，宽约 6 毫米，背面被白色绒毛；花瓣缺；雄蕊多数，花丝条形；心皮无毛。瘦果扁平，椭圆形，喙反曲。花期 6—7 月，果期 7—8 月。

[分布环境]分布于迪庆香格里拉、维西、德钦三市（县）海拔 3900 ~ 4800 米的草甸及灌丛林地。青海东南部、西藏东南部、四川西部、甘肃南部均有分布。

34. 大叶矮金莲花

[科属]毛茛科，金莲花属。

[形态]多年生草本。根状茎短，茎高 5 ~ 17 厘米，不分枝。叶 3 ~ 4 枚，全部基生或近基生，长 3.5 ~ 6.5 厘米，具长柄，叶片五角形，8 ~ 11 毫米，宽 12 ~ 22 毫米，基部心形，3 全裂可达基部，中央全裂片菱状倒卵形或楔形，通常与侧生全裂片分开，3 浅裂，侧全裂片不等 2 裂，二回裂片具疏齿；叶柄长 1 ~ 4 厘米，基部具宽鞘。花单生于茎顶，直径 1.8 ~ 3.4 厘米；萼片 5，黄色，外面常带暗紫色，宽倒卵形，顶端圆形或近截形；花瓣匙状条形，长约 5 毫米；雄蕊多数，花丝长约 7 毫米；心皮 6 ~ 9。聚合果直径约 6 毫米；蓇葖果长约 10 毫米。花期 6—7 月，果期 7—8 月。

[分布环境]分布于迪庆香格里拉、维西、德钦三市（县）海拔

3460～5600米高山草甸、流石滩、沼泽地、灌丛林地。西藏、青海、甘肃南部，四川西部均有分布。

35. **云南金莲花**

[科属]毛茛科，金莲花属。

[形态]多年生草本。茎高 20～40 厘米，通常不分枝，叶片五角形，长2.5～5 厘米，宽5～10 厘米，3 深裂，裂片再细裂或齿状；茎生叶 1～2 片，近无柄。花单生于茎顶，2～3 朵成聚伞花序；花梗长 2～8 厘米，萼片5，黄色，倒卵形，长约2 厘米，宽 1.5～2.2 厘米，花瓣条形，长约7 毫米；雄蕊多数，花丝长6～9 毫米。聚合近球形，直径约10 毫米；长约10 毫米。种子狭卵形。花期6—7 月，果期7—8 月。

[分布环境]分布于迪庆香格里拉、维西、德钦三市（县）海拔3460～4540米的高山溪畔、湿润草滩、草甸林下。四川西部、西藏东南部也有分布。

36. **毛茛状金莲花**

[科属]毛茛科，金莲花属。

[形态]多年生草本。茎高 60～350 毫米，基出 1～3 条，不分枝。基生叶 3～10，茎生叶 1～3，常在茎下部，均具长柄；叶片圆五角形，长10～27毫米，宽 14～46 毫米，3 全裂，各具小裂片。花单生枝端。萼片 5，黄色，倒卵形或扇形，长 10～18 毫米，宽 10～19 毫米，脱落；花瓣匙形，长4～6 毫米，宽0.5～1 毫米，雄蕊多数，长5～9 毫米，心皮7～9。蓇葖果长约10 毫米。花期5—7 月，果期8—9 月。

[分布环境]分布于迪庆香格里拉、维西、德钦三市（县）海拔2900～4100米的草坡、水边。西藏东南部、川西高原、甘南均有分布。

37. **小花金莲花**

[科属]毛茛科，金莲花属。

[形态]茎单生，高5～24 厘米，无毛；不分枝或在基部生1 条分枝；在近基部处生 1～3 个叶。基生叶 4～5，长 5～15 厘米，无毛，有长柄；叶片五角形，宽 1.3～3.5 厘米，基部心形，3 全裂，全裂片多少分开，中央全裂片宽菱形或楔形，3 浅裂，浅裂片或有少数牙齿或全缘，三角形，侧全裂片斜扇形，2 深裂超过中部，二回裂片互相稍分开，与中全裂片近

似，但稍斜；叶柄基部具狭鞘。花单独顶生，直径1.2～1.5厘米，无毛；萼片5，黄色，干时带紫色，宿存，狭倒卵形或长圆形，长5～8毫米，先端钝，有时具少数小牙齿；花瓣比雄蕊短，长2～3毫米；雄蕊长3.5～5毫米，花丝丝形，稍长于线形的花药。蓇葖约7枚，与萼片等长，宽约2毫米，顶端截状圆形，喙长0.7毫米，直；种子椭圆球形，长1毫米，橄榄色，光滑。花期7月，果期8月。

[分布环境]分布于迪庆香格里拉、维西、德钦三市（县）海拔2900～4100米的草坡、水边。西藏东南部、川西高原、甘南均有分布。

38. **云南毛茛**

[科属]毛茛科，毛茛属。

[形态]多年生草本。须根基部较粗厚，多数簇生。茎直立，高8～20厘米，无毛，上部多分枝，基部有纤维状枯鞘包围。基生叶3～7枚；叶片宽卵形，倒卵状楔形至匙形，长1～3厘米，宽0.8～2厘米，基部楔形，厚纸质，无毛或边缘有疏毛，顶端有3～7个钝齿牙；叶柄长2～6厘米，无毛，基部扩大成鞘。下部叶与基生叶相似；上部叶3深裂或3中裂，裂片线形，多全缘，宽1～2毫米，具短柄至无柄。花较多，着生于茎顶和分枝顶端，直径1～1.5厘米；花梗细长，生曲柔毛；萼片狭卵形，长3～4毫米，外面生短柔毛；花瓣5，宽倒卵形，长5～7毫米，基部渐窄成长约1毫米的爪，蜜槽点状位于爪上端；花药椭圆形，长1.2～1.4毫米，花丝稍长；花托无毛。聚合果卵球形，直径约6毫米；瘦果卵球形，长1.5～2毫米，稍扁，密生白短毛，喙细直或外弯，长约1毫米。花果期6—9月。

[分布环境]分布于迪庆香格里拉、维西、德钦三市（县）海拔3600～4600米的高山牧场滩地、山坡、沼泽均有分布。西藏、青海、四川西部、甘肃南部、新疆也有分布。

39. **西南毛茛**

[科属]毛茛科，毛茛属。

[形态]一年生草本植物。须根细长簇生。茎倾斜上升，近直立，高10～30厘米；节多数，有时下部节上生根，贴生柔毛或无毛。基生叶与茎生叶相似，叶片不分裂，宽卵形或近菱形，长0.5～3厘米，宽5～25毫米，顶端尖，基部楔形或截形，边缘有3～9个浅齿或近全缘，无毛或贴生

柔毛；叶柄长1~4厘米，无毛或生柔毛，基部鞘状；茎生叶多数，最上部叶较小，披针形，叶柄短至无柄。花直径8~10毫米；花梗与叶对生，长2~5厘米，细而下弯，贴生柔毛；萼片卵圆形，长2~3毫米，常无毛，开展；花瓣5，长圆形，长4~5毫米，为宽的2倍，有5~7脉，顶端圆或微凹，基部有长0.5~0.8毫米的窄爪，蜜槽点状位于爪上端；花药长约0.6毫米；花托生细柔毛。聚合果近球形，直径3~4毫米；瘦果卵球形，长约1.5毫米，宽1.2毫米，两面较扁，有疣状小突起，喙短直或弯，长约0.5毫米。花果期4—7月。

[分布环境]分布于迪庆香格里拉、维西、德钦三市（县）海拔3600~4600米的高山牧场滩地、沟旁、沼泽。西藏、青海、四川西部、甘肃南部均有分布。

40. 鸦跖花

[科属]毛茛科，鸦跖花属。

[形态]多年生草本，植株高4~9厘米。根状茎粗短，根多而纤细。叶全部基生，叶片倒卵形或长圆形，长10~25毫米，宽8~20毫米，质厚，常有软骨质边缘；叶柄宽而扁，长2~4厘米。花葶1，稀2~3；花单生于茎顶，直径2~3厘米；萼片5，宽倒卵形，长5~7毫米，宽4~6毫米；花瓣长椭圆形，长6~9毫米，黄色；雄蕊多数；心皮多数。聚合果近球形，直径约10毫米；瘦果菱形，长约3毫米。花期6月，果期7—8月。

[分布环境]分布于迪庆香格里拉、维西、德钦三市（县）海拔3300~5300米的高山草甸、高山灌丛、砾石草滩有分布。青藏高原均有分布。

41. 拟耧斗菜

[科属]毛茛科，拟耧斗菜属。

[形态]多年生密簇草本，株高8~26厘米。根茎粗壮，被枯存纤维。基生叶簇生，二回掌状三出；小叶片倒阔卵形。宽约5毫米，顶端常3~4裂，小裂片全缘；叶柄细弱，常带紫褐色，长达15厘米，基部具鞘。花葶高10~24厘米，具两枚对生苞片，苞片长椭圆形，长约7毫米，宽约2毫米，基部具膜质鞘，全缘；花淡紫色，单生于茎顶，直径约3厘米；萼片5，花瓣状，阔椭圆形，长约1.5厘米，基部圆形且狭缩成短爪，全缘；密

缘；密叶 5，暗黄色，椭圆形，长约 5 毫米，基部微连合；雄蕊多数，黄色，长约 6 毫米，花丝扁，基部渐扩大；雌蕊褐色，长约 7 毫米，花柱钻形，具疣状微突。蓇葖果 5 或 6，长约 5 毫米，宿存花柱呈喙状；种子多数，半月形。长约 2 毫米，半边具狭翅，光滑。花期 6—7 月，果期 8—9 月。

[分布环境]分布于迪庆香格里拉、维西、德钦三市（县）海拔 4100～5300米的陡壁岩石缝隙处、高山流石滩、草甸均有分布。西藏、青海、甘肃、四川西部也有分布。

42. 驴蹄草

[科属]毛茛科，驴蹄草属。

[形态]多年生草本。株高 20～48 厘米，通体无毛。须根白色。茎直立。叶片圆肾形或圆心形，单歧聚伞花序顶生及腋生；花黄色。

[分布环境]分布于迪庆香格里拉、维西、德钦三市（县）海拔 3600～4400米的沼泽草甸、沟谷水旁、冷杉林下。青海东南部、西藏南部、四川西部也有分布。

43. 花葶驴蹄草

[科属]毛茛科，驴蹄草属。

[形态]多年生低矮草本，具多数肉质须根。茎单一或数条，直立或斜升，高 5～18 厘米。基生叶 3～10，具长柄。叶片心状卵形或三角状卵形，有时肾形，长 1～3 厘米，宽 1.2～2.8 厘米，顶端圆形，基部深心形，全缘或有小齿；叶柄长 3～10 厘米，基部具膜长鞘。无或仅具 1 枚茎生叶。花单生于茎顶，或为二花的单歧聚伞花序；萼片 5，黄色；雄蕊长 4～7 毫米，花药长圆形，花丝狭线形；心皮 6～8，与雄蕊近等长。蓇葖果长 10～16 毫米；种子黑色，肾状椭圆球形，稍扁，光滑，有少数纵肋。花果期 6—9 月。

[分布环境]分布于迪庆香格里拉、维西、德钦三市（县）海拔 3500～4800米的高山沼泽湿地、高山溪流湿地。青海东南部、西藏东南部、甘肃南部、四川西部均有分布。

44. 短柱侧金盏

[科属]毛茛科，侧金盏花属。

[形态]多年生草本。茎高 20 ~ 30 厘米，从下部开始分枝，茎下部叶有长柄，长达 7 厘米，上部叶柄短渐至无柄；叶片五角形，长 7 ~ 9 厘米，宽 8 ~ 10 厘米，3 全裂，全裂片有柄，二回羽状深裂或全裂，末回裂片狭卵形，有锐齿。花单生茎顶，花大，直径达 25 毫米；萼片 5 ~ 7，椭圆形，长 5 ~ 8 毫米，稀有绿毛；花瓣 7 ~ 10，白色，倒卵状长圆形，长约 12 毫米，雄蕊占多数，与萼片近等长，心皮多数，有疏柔毛，柱头球形。瘦果倒卵形，长 3 ~ 4 毫米。花期 5—6 月，果期 6—7 月。

[分布环境]分布于迪庆香格里拉、维西、德钦三市（县）海拔 2900 ~ 3800 米的林下、灌丛林地、草坡。西藏东南部、甘肃南部、四川西部也有分布。

罂粟科

1. 三裂紫堇

[科属]罂粟科，紫堇属。

[形态]茎 1 ~ 2 条，直立，纤细，不分枝，大部裸露，基部变细。基生叶 1 ~ 2 枚，叶柄纤细，长 3 ~ 12 厘米；叶片轮廓三角形，长 0.5 ~ 2.5 厘米，宽 0.8 ~ 4 厘米，3 全裂，全裂片倒卵状楔形，长 0.5 ~ 1.3 厘米，宽 4 ~ 7 毫米，2 或 3 浅裂，有时全缘；茎生叶 1 枚，生于茎上部近花序下，叶柄长 0.5 ~ 2 厘米，叶片反折，3 全裂，全裂片倒卵形、卵形或狭卵形，长 1 ~ 3.8 厘米，宽 0.5 ~ 1.7 厘米，先端具小尖头，基部楔形，侧裂片通常两侧不对称，全缘，有时中裂片 2 ~ 3 浅裂，具数条纵脉，在背面较明显。总状花序顶生，长 1.5 ~ 2 厘米，有 2 ~ 6 花，近伞房状；苞片常较大，下部者卵形，上部者披针形，全缘，稀最下部者 3 深裂或浅裂；花梗细，明显短于苞片。萼片鳞片状，不规则的深裂或浅裂；花瓣蓝色，上花瓣长 1.2 ~ 2 厘米，花瓣片卵形，先端急尖，距圆筒形，长 0.7 ~ 1 厘米，末端圆，微下弯，下花瓣宽倒卵形，长 0.8 ~ 1.4 厘米，先端急尖，内花瓣提琴形，长 0.7 ~ 1 厘米，花瓣片先端圆，具 1 侧生囊，爪与花瓣片近等长；雄蕊束长 0.6 ~ 0.8 厘米，花药极小，花丝披针形；子房狭卵形，长 0.4 ~ 0.5 厘米；花柱与子房近等长，柱头双卵形，具 8 个乳突。蒴果狭长圆形，长 1 ~ 1.2 厘米，宽 2 ~ 3 毫米；种子小，黑色，具光泽。花果期

7—9 月。

[分布环境]分布于云南迪庆维西县、德钦县和西藏东南部察隅、米林、错那海拔 3000 ~ 4300 米的杜鹃灌丛等地。

2. 蛇果黄堇

[科属]罂粟科，紫堇属。

[形态]灰绿色草本，高 30 ~ 120 厘米，具主根。茎分枝，具叶；枝条花葶状，与叶对生。基生叶多数，长 10 ~ 50 厘米，叶柄约与叶片等长；叶片轮廓长圆形，二回羽状全裂，末回羽片椭圆形，斜卵圆形或长圆形，3 ~ 5裂，裂片披针形，长 3 ~ 10 毫米，宽 1 ~ 5 毫米。茎生叶与基生叶同形，叶柄具膜质翅。总状花序长 10 ~ 30 厘米，多花，苞片线状披针形，长约 5 毫米。花梗长 5 ~ 7 毫米。萼片小，近圆形，具齿和短尖，常早落。花淡黄色或苍白色，长 9 ~ 12 毫米。上花瓣渐尖；距短囊状，多少上升，约占花瓣全长的 1/3 或 1/4；柱头浅而宽展，具 4 乳突，顶生 2 枚呈广角状叉分，侧生 2 枚先下弯，后弧形上升。蒴果线形，长 1. 5 ~ 2. 5 厘米，蛇形弯曲。花果期 5—7 月。

[分布环境]分布于迪庆香格里拉、维西、德钦三市（县）海拔 1600 ~ 3000米的沟谷林缘。西藏东南部、青海、甘肃、四川均有分布。

3. 黄花紫堇

[科属]罂粟科，紫堇属。

[形态]多年生矮小草本，高约 4 厘米。茎基部多分枝，成丛，茎上具有白色粉末，叶互生，具柄，掌状分裂，裂片边缘具长硬毛。花单生叶腋或枝端，黄色；花瓣 4，唇形，有距；萼片 2；雄蕊 6 毫米。蒴果椭圆形，分裂为 2 果瓣。种子有附属体。

[分布环境]分布于迪庆德钦、香格里拉海拔 4200 ~ 5300 米的高山砂砾地、山谷涧边潮湿地或流石滩上。西藏、青海、甘肃、四川西部也有分布。

4. 毛茎紫堇

[科属]罂粟科，紫堇属。

[形态]直立草本，株高 25 ~ 60 厘米。须根多数成簇，纺锤状肉质增粗，长 3 ~ 7 厘米，粗 0. 5 ~ 1 厘米，干时淡棕色。茎 1 ~ 2，具分枝，上下

均具叶，基部不变细，被淡色短柔毛，下部毛较密。基生叶数枚，常早枯，留下纤细状的叶残基，叶柄长 3～10 厘米，基部扩大成宽鞘，被淡色短柔毛，叶片轮廓宽卵形；三回三出分裂，第一回具较长的柄，第二回具短柄，第三回全裂或深裂，裂片 2～3 浅裂，末回裂片狭倒卵形至披针形，先端圆或钝，具短尖，表面绿色，背面具白粉，纵脉极细；茎生叶 7～8 枚，于整个茎上互生，疏离，下部者具长柄，上部者具较短的柄，基部均扩大成狭鞘，被淡色短柔毛，最上部者具极短柄，基部无鞘，但两侧各具 1 撕裂状的舌状体，花期后脱落，叶片与基生叶相同，但下部者常较大。总状花序顶生，长 6～8 厘米，果时达 10 厘米，有 10～15 花，排列稀疏；苞片下部者同上部茎生叶，中部者二回羽状深裂，最上部者羽状深裂或浅裂；花梗细长，明显超过苞片。萼片鳞片状，具撕裂状边缘，早落；花瓣蓝色或蓝紫色，上花瓣长 1.7～2 厘米，花瓣片舟状卵形，先端钝，具短尖，背部具极矮的鸡冠状突起，距圆筒形，略渐狭，末端下弯，与花瓣片近等长，下花瓣匙形，长 1～1.1 厘米，花瓣片先端钝，具短尖，背部具极矮的鸡冠状突起，爪狭楔状线形，基部具 1 下垂的小距，内花瓣提琴形，长 0.9～1 厘米，花瓣片长圆形，具 1 侧生囊，基部 1 钩状耳，爪狭楔形，略长于花瓣片；雄蕊束长 0.8～0.9 厘米，花药极小，花丝披针形，蜜腺体贯穿距的 2/5；子房线形，长 0.5～0.6 厘米，胚珠数枚，排成 1 列，花柱细，长 0.2～0.3 厘米，柱头双卵形，具 6 个乳突。蒴果圆柱形，长 2～2.5 厘米，粗 0.2～0.3 厘米，成熟时通常扭转并在基部反折；有 10～15 枚种子，排成 1 列，果梗极纤细，比果短；种子近圆形，直径约 1.5 毫米，黑色，具光泽；种阜小，杯状。花果期 5—7 月。

[分布环境]分布于迪庆境内金沙江、澜沧江流域海拔 2000～2900 米的林下或村旁路边。西藏的林芝、波密也有分布。

5. 密花黄堇

[科属]罂粟科，紫堇属。

[形态]灰绿色高大草本，株高 40～50 厘米，具主根。茎粗大，具沟槽，常呈“之”字形折曲；枝条常对叶生，花葶状。茎生叶约长 15～25 厘米，具长柄，叶片二回羽状全裂，一回羽片约 3 对，具短柄，二回羽片约 2～3 对，具短柄至近无柄，上面绿色，下面苍白色，顶生的较大，约长

3.5 厘米，宽 1 厘米，侧生的较宽短，约长 2 厘米，宽 1 ~ 1.5 厘米，常不等大锯齿状粗裂，裂片顶端近圆钝至具宽渐尖。总状序多花密集，后渐疏离，约具4 ~ 8厘米长的花序轴，有时伴生有无距的败育花；苞片变异较大，卵圆形至披针形，通常约与花梗等长，有时或长或短于花梗；花梗长 4 ~ 7 毫米，果期下弯。花黄色，长 1.7 ~ 2 厘米，无距花长约 1.2 厘米；外花瓣顶端多少具短尖，背部具浅三角状鸡冠突起或不发育；上花瓣长 1.7 ~ 2 厘米；距长约 4 ~ 5 毫米，末端圆钝，腹部多少下垂；下花瓣长约 1.2 厘米；内花瓣顶端圆钝，微凹，具短尖，具鸡冠状突起；爪稍短于瓣片；柱头 2 叉状分裂，各枝上具 3 乳突。蒴果长圆形，常俯垂，约长 2 厘米，宽 4 毫米，具 2 列种子和长约 3 ~ 5 毫米的花柱。种子扁圆形，直径约 1.5 毫米，密具刺状突起；种阜近圆形，直径约 1.5 毫米。

[分布环境]分布于迪庆香格里拉、德钦海拔 4600 ~ 5200 米的高山砾石多水区域。西藏北部、四川西北部也有分布。

6. 黑顶黄堇

[科属]罂粟科，紫堇属。

[形态]无毛草本植物，株高 15 ~ 30 厘米。须根多数成簇，棒状增粗，向下渐狭，长达 10 厘米，具少数纤维状分枝。茎 3 ~ 8，圆柱形，具棱，上部有 1 ~ 5 分枝，下部裸露，近基部线形。基生叶数枚，叶柄长 6 ~ 10 厘米，下部线形，叶片轮廓宽卵形，长 2 ~ 7 厘米，三回羽状分裂，第一回全裂片 3 ~ 4 对，具短柄至近无柄，第二回全裂片 1 ~ 2 对，近无柄，2 ~ 3 深裂，末回裂片倒卵形至长圆形，先端急尖，具软骨质的小尖头，表面绿色，背面具白粉；茎生叶 3 ~ 4 枚，互生于茎上部，近无柄，其他与基生叶相同。总状花序生于茎和分枝顶端，长 2 ~ 10 厘米，果时达 15 厘米，有 15 ~ 40 花，排列密集；苞片最下部者与茎生叶相同，上部者羽状分裂，最上部者披针形全缘；花梗劲直，长于苞片；萼片近圆形，直径约 0.2 毫米，白色，膜质，边缘具不规则的齿缺或条裂；花瓣淡黄色，上花瓣长 1.7 ~ 2 厘米，花瓣片舟状卵形，背部具高约 1 ~ 2 毫米的鸡冠状突起，边缘全缘，距圆筒形，长 0.6 ~ 0.8 厘米，比花瓣片短，末端略下弯，下花瓣长 0.9 ~ 1 厘米，花瓣片圆形，先端具短尖，背部鸡冠状突起矮，爪宽线形，向基部渐狭，内花瓣提琴形，长 0.8 ~ 0.9 厘米，先端圆，紫黑色，爪狭楔形，

与花瓣片近等长；雄蕊束长0.7～0.8厘米，花丝披针形，花药小，蜜腺体贯穿距的2/5；子房狭椭圆形，长0.5～0.6厘米，具2列胚珠，花柱长约0.2厘米，柱头双卵形，具8个乳突。蒴果圆柱形或狭椭圆状圆柱形，长1.2～1.5厘米，粗2～3毫米，具棱，成熟时自果梗先端反折；种子近圆形，直径约1.5毫米，黑色，具光泽。花果期7—9月。

[分布环境]分布于迪庆德钦梅里雪山海拔3600～4300米的山坡林下、高山草地或高山沼泽。西藏东南部、青海南部也有分布。

7. 密穗黄堇

[科属]罂粟科，紫堇属。

[形态]无毛草本，株高20～40厘米；须根多数成簇，棒状或纺锤状肉质增粗，具长柄，长2～7厘米，粗0.2～0.5厘米，干时褐色，里面白色。茎1～4，上部具叶，不分枝或具1～4分枝，下部裸露，基部线形。基生叶1～5枚，叶柄细弱，长6～20厘米，叶片轮廓阔卵形至近圆形，二至三回羽状分裂，末回裂片狭椭圆形至狭披针形，长1～1.5厘米，先端钝，叶面绿色，背面具白粉；茎生叶1～5枚，互生于茎上部或稍下，下部者具长达3厘米的柄，上部者具极短柄或近无柄，叶片轮廓阔卵形或三角形，其他与基生叶相同，但下部叶比基生叶大，向上渐小。总状花序1～5，生于茎及分枝先端，长3～8厘米，有15～30花，排列密集；苞片下部者同上部茎生叶，中部者羽状分裂，裂片条形，最上部者狭披针形，全缘或缺刻；花梗与苞片近等长；萼片小，白色，薄膜质，近圆形，边缘流苏状；花瓣黄色，上花瓣长1.8～2厘米，花瓣片卵形，背部鸡冠状突起高约1.5毫米，自花瓣片先端开始至其末端消失，距圆筒形，长1.2～1.3厘米，约占整个花瓣长的2/3，末端略下弯，下花瓣倒卵形，长0.8～0.9厘米，背部鸡冠状突起高约1.5毫米，内花瓣提琴形，长0.6～0.7厘米，花瓣片先端圆，具1侧生囊，爪长约2.5毫米，向下渐狭；雄蕊束长约0.6厘米，花丝披针形，花药极小，长圆形，蜜腺体贯穿距的2/5；子房椭圆形，长0.2～0.3厘米，具数枚胚珠，排成2列，花柱细，长0.3～0.4厘米，柱头双倒卵形，上端具2乳突。蒴果椭圆形，长约1厘米，粗约0.3厘米，自果梗基部反折；种子近圆形，直径约1.5毫米，黑色，略具光泽。花果期6—8月。

[分布环境]分布于迪庆香格里拉、维西、德钦三市（县）海拔3200～4200米的草坡、灌丛、林下。西藏东南部、四川西部也有分布。

8. **多叶紫堇**

[科属]罂粟科，紫堇属。

[形态]分枝，具鳞片，鳞片长约5～6毫米，卵圆形，相间约为其长度的2倍；根茎顶端具少数纤细的须根和褐色卵圆形的膜质鳞片，向上并生多叶和1～4茎。茎直立，不分枝，近基部或中部常具1叶，稀无叶。基生叶具长柄；叶柄约与叶片等长或较长；叶片草质，卵圆形或近圆形，长2～5厘米，三回羽状全裂；一回羽片3～4对，二回羽片通常2对，均具短柄；三回羽片通常2对，近无柄，3深裂，下部的裂达基部，上部的近基汇合，裂片椭圆形或披针形，长1.5～4毫米，急尖。茎生叶与基生叶同形，着生部位较高时，叶柄常短于叶片。总状花序粗短，近伞房状或头状，具6～15花，宽3～5厘米。苞片近长于花梗的1/2，下部的叶状，上部的扇形深裂，裂片较长；花梗直立伸展，长1～2厘米，纤细。花白色或紫红色，平展；萼片绿色，长约1毫米，不明显，脱落较晚；上花瓣长1.6～2厘米，顶端斜向上升，鸡冠状突起半圆形，高1.5～2毫米，近与瓣片的侧翼等宽，距圆筒形，约占花瓣全长的1/3，直或稍镰形下弯；下花瓣较长，明显前伸，瓣片常反折，爪狭，向后渐变细。内花瓣具浅鸡冠状突起，爪楔形，稍长于瓣片；雄蕊束倒卵状披针形，上部1/3的部位较宽展；子房披针形，花柱较粗，长约3毫米；柱头近心形，上部2裂，具2短角状突起。蒴果披针形，约长1.2厘米，宽3.5毫米，俯垂，具2列种子。

[分布环境]分布于迪庆香格里拉、德钦海拔3700～4300米的草坡、砾石滩。西藏东南部也有分布。

9. **苍山黄堇**

[科属]罂粟科，紫堇属。

[形态]无毛草本，株高20～38厘米。须根多数成簇，纺锤状肉质增粗，长1～4厘米，粗达5毫米，具长2～4厘米的细柄。茎1～10条，不分枝或稀上部具1～2分枝，上部具叶，下部裸露，基部变线形。基生叶少数，叶柄长5～15厘米，叶片轮廓圆形或宽卵形，长2～5厘米，3全裂，

全裂片具柄，再次3深裂，深裂片2或3浅裂，小裂片狭倒卵形或条状披针形，先端具尖头，表面绿色，背面具白粉，纵脉在背面明显；茎生叶2~4枚，互生于茎上部，具短柄或近无柄，叶片轮廓宽卵形，长1~5厘米，一回奇数羽状分裂，稀最下部1对全裂片2~3浅裂，小裂片线状披针形，全缘或稀下部者2浅裂，其他同基生叶。总状花序顶生，长4~13厘米，有10~20花，稀疏；苞片下部者同上部茎生叶或3浅裂，上部者狭披针形全缘；花梗长于或稀略短于苞片。萼片小，边缘具细齿；花瓣黄色，上花瓣长1.6~1.8厘米，花瓣片舟状卵形，先端钝，背部鸡冠状突起高约2毫米，距圆筒形，与花瓣片近等长，平伸，末端略下弯，下花瓣比上瓣片长，先端圆且宽，下部渐狭，具鸡冠状突起，内花瓣长7.5~9.5毫米，花瓣片倒卵形，长4~5毫米，爪狭，短于花瓣片；雄蕊束长6~8毫米；子房狭卵形，长3~5毫米，花柱长4~6毫米，柱头双卵形，上端具2乳突。蒴果狭倒卵形，长约1厘米，粗3~4毫米，成熟时自果梗基部反折。种子肾状圆形，直径约1.5毫米。花果期6—9月。

[分布环境]分布于迪庆香格里拉、维西、德钦三市（县）海拔3000~4600米的石灰岩高山灌丛、草甸或流石滩。

10. 灰绿黄堇

[科属]罂粟科，紫堇属。

[形态]多年生灰绿色丛生草本，株高20~60厘米，多少具白粉。主根具多头根茎，向上发出多茎。茎不分枝至少分枝，具叶。基生叶约高达茎的1/2至2/3，具长柄，叶片狭卵圆形，二回羽状全裂，一回羽片约4~5对，二回羽片1~2对，近无柄，约长5~8毫米，宽5~6毫米，3深裂，有时裂片2~3浅裂，末回裂片顶端圆钝，具短尖；茎生叶与基生叶同形，上部的具短柄，近一回羽状全裂。总状花序长3~15厘米，多花，常较密集；苞片狭披针形，约与花梗等长，边缘近于膜质，顶端渐狭成丝状；花梗长约5毫米；花黄色，外花瓣顶端浅褐色，先近直立，后渐平展；萼片卵圆形，长约3毫米，渐尖，基部多少具齿；外花瓣顶端兜状，具短尖，无鸡冠状突起；上花瓣长约1.5厘米，距约占花瓣全长的1/4至1/3，末端圆钝；蜜腺体约占距长的1/2；下花瓣长约1厘米，舟状内凹；内花瓣长约9毫米，具鸡冠状突起，爪约与瓣片等长；雄蕊束披针形；柱头小，

近圆形，具6短柱状突起。蒴果长圆形，直立或斜伸，约长1.8厘米，宽2.5毫米，具长约5毫米的花柱和1列种子；种子黑亮，具小凹点，直径约2毫米，种阜大。

[分布环境]分布于迪庆香格里拉、维西、德钦三市（县）海拔1400～2700米的干热河谷土坡、山坡灌丛下。西藏东部、青海东部、甘肃南部、四川西部也有分布。

11. 翠雀状黄堇

[科属]罂粟科，紫堇属。

[形态]多年生草本，株高50～120厘米。中部茎粗约7毫米，上部有分枝。叶在茎中下部的有较长的柄，中部的柄长约40毫米，上部的几无柄；中部叶片轮廓为三角状卵形，长约9厘米，宽约10厘米三出复叶，小叶1～2回深裂或全裂。总状圆锥花序，顶生及腋生，长10～12厘米；总苞片叶状常分裂，小苞片线状，长5～7毫米；花黄色，萼片2，缘撕裂状；花瓣外轮2，唇形，上瓣长约18毫米。基部细长，距长约12毫米，下瓣长约8毫米。果长筒形，长约8毫米，有宿存花柱，柱头双头状。花期7—8月。

[分布环境]分布于迪庆全境海拔3200～4100米的灌丛林地、林缘草丛。

12. 囊距紫堇

[科属]罂粟科，紫堇属。

[形态]多年生灰绿色草本，株高15～30厘米。根茎肉质肥厚，约长3～6厘米，粗5毫米，分枝或不分枝，基部具须根，顶端具少数鳞片和柄残基。茎大部分裸露，具2～4枚披针形或卵圆形鳞片，近基渐狭，潜生土下，上部具叶，不分枝或上部。叶三出，具长柄；小叶椭圆形，卵圆形或倒卵形，约长1.5～3厘米，宽1～2.5厘米，具弧形叶脉；叶柄多少宽展，基部鞘状。花序近伞房状，具3～10花；苞片披针形或倒披针形，长1～4.5厘米，宽3～7毫米，密集，多少类总苞状排列；花梗扁，长2～4厘米；萼片干膜质，卵圆形或近圆形，长约2毫米，边缘具齿；花淡紫色或紫红色，长1.8～2.5厘米；上花瓣常弧形弯曲，瓣片宽展，具浅鸡冠状突起，距粗大，囊状，宽4～7毫米，约与瓣片等长；蜜腺体短，长约3毫

米；柱头近圆形，顶端2浅裂，具8乳突。蒴果椭圆形，约长7毫米，宽3毫米，俯垂。花果期6—7月。

[分布环境]分布于迪庆香格里拉、德钦海拔4000～4500米左右的高山流石滩。四川西部也有分布。

13. **美丽紫堇**

[科属]罂粟科，紫堇属。

[形态]根茎短，具鳞茎，鳞片数枚，椭圆形，长1～2厘米，宽3～5毫米，干膜质。茎1～2，有时达4，不分枝，下部裸露，近基部线形。基生叶2～3枚，叶柄长6～10厘米，基部变细，叶片轮廓近卵形，长2～4厘米，宽2～3厘米，三回羽状全裂，第一回全裂片2～3对，具柄，第二回裂片具短柄，第三回小裂片披针形或宽线形，长5～8毫米，宽1～2毫米，叶面绿色，背面灰绿色；茎生叶1～5枚，互生于茎上部近花序下，具短柄，其他与基生叶同，但较小。总状花序顶生，长约2厘米，有4～7花；苞片指状全裂，裂片多，近线形，长约1厘米或较短；花梗纤细，长于苞片。萼片小，白色，近圆形，边缘撕裂至中部；花瓣蓝色，上花瓣长1.5～2厘米，先端具短尖，背部具高约1毫米的鸡冠状突起，距圆筒形，长7～9毫米，末端圆，稍内弯，下花瓣匙形，长1～1.2厘米，花瓣片卵形，长7～9毫米，宽4～5毫米，背部具半圆形的鸡冠状突起，爪长约3毫米，内花瓣提琴形，花瓣片狭倒卵形，长约6毫米，先端圆，带紫色，爪楔形，长约5毫米；花丝狭披针形，长6～8毫米，薄膜质，上部线形，花药卵形，黄色，蜜腺体贯穿距的3/4；子房椭圆体，长4～6毫米，中部宽约1.5毫米，具2列胚珠，花柱细，长3～5毫米，柱头双卵形，具8个乳突。

[分布环境]分布于迪庆德钦、香格里拉、维西海拔3200～4800米的草坡或流石滩。四川西南部、西藏东南部也有分布。

14. **紫花紫堇**

[科属]罂粟科，紫堇属。

[形态]无毛草本，株高30～45厘米；须根多数成簇，棒状肉质增粗，长7～9厘米，上下等粗。茎圆柱形，明显具纵棱，基部不明显变细，具数条分枝。基生叶少数，叶柄长可达18厘米，下部不变细，叶片阔卵形，长

约13厘米，宽约10厘米，三回羽状分裂，第一回全裂片3对，具长柄，疏离，第二回全裂片2对，具短柄至近无柄，疏离，末回裂片椭圆形，长0.7~1.2厘米，宽0.3~0.6厘米，先端具短尖，叶面绿色，背面具白粉；茎生叶3~4枚，互生，无柄，叶片轮廓三角形，三回羽状分裂，第一回裂片2~3对，疏离，下部者具柄，上部者无柄，其他同基生叶。总状花序顶生，长2~6厘米，多花；苞片下部者扇状全裂，上部者披针形具齿，最上部者钻形；花梗纤细，短于苞片。萼片小，圆形，边缘撕裂状；花瓣暗紫色，上花瓣长约2.5厘米，花瓣片卵形，背部鸡冠状突起矮小，距圆筒形，带灰色，长约1.6厘米，先端钝，下花瓣近菱形，长约0.8厘米，背部具小的鸡冠状突起，内花瓣狭倒卵形，长约0.7厘米，爪长约0.3厘米；花丝狭卵形，长约0.4厘米，薄膜质，花药卵形，蜜腺体贯穿距的2/5；子房狭倒卵形，长约0.3厘米，胚珠2列，花柱细，长约0.3厘米，柱头双卵形。果未见。花期8月前后。

[分布环境]分布于迪庆香格里拉、维西、德钦三市（县）海拔3500~4400米的山坡草地。西藏东南部也有分布。

15. 阿墩紫堇

[科属]罂粟科，紫堇属。

[形态]多年生草本，株高58厘米。须根多数成簇，纺锤状肉质增粗，长0.53厘米，粗达5毫米，具少数纤维状细根，有长0.7~1.5厘米的柄。茎1~3条，柔弱，不分枝，上部具叶，下部裸露，基部线形，基生叶1~2枚，叶柄柔弱，长2~6厘米，叶片轮廓宽卵形，长1~1.5厘米，一回奇数羽状分裂，裂片2~3对，线状披针形，长0.5~1厘米，通常全缘，叶面绿色，背面具小刺毛；茎生叶约2枚，近对生于茎上部近花序下，几无柄，叶片与基生叶近相同，裂片披针形或线形，长0.7~1.5厘米。总状花序顶生，长1.5~3厘米，有6~10花；苞片下部者倒卵形，扇状5~7深裂，裂片线形至披针形，中部者3浅裂，最上部者倒披针形，浅裂或有时全缘；花梗与苞片近等长；萼片鳞片状，直径约1毫米，边缘具细牙齿；花瓣天蓝色，有时黄绿色，上花瓣长1.5~1.7厘米，花瓣片舟状卵形，背部具高1~1.5毫米的鸡冠状突起，距圆筒形，平伸，稍长于花瓣片，末端略下弯，下花瓣舟状倒卵形，长7~9毫米，背部具鸡冠状突起，内花瓣提

琴形，长6~7毫米，雄蕊束长5~6毫米，花药长圆形，花丝披针形，蜜腺体贯穿距的3/5；子房圆柱状线形，长约2毫米，具1列胚珠，花柱比子房长，先端弯曲，柱头双卵形，上端具2乳突。蒴果狭椭圆形，长4~7毫米，具3~6枚种子；种子近圆形，直径约1毫米；种阜小。花果期6—8月。

[分布环境]分布于迪庆德钦、中甸、维西海拔3900~5000米的灌丛下、山坡草地或高山草甸。西藏、青海、甘肃东南部，四川西部均有分布。

16. 节裂角茴香

[科属]罂粟科，角茴香属。

[形态]一年生草本，略被白粉，株高4~60厘米。茎丛生，长短不一，铺散而先端向上，多分枝。基生叶多数，蓝绿色，叶柄长1.5~10厘米，叶片狭倒披针形，长5~20厘米，二回羽状全裂，裂片4~9对，宽卵形或卵形，长0.4~2.3厘米，疏离，近无柄，羽状深裂，小裂片披针形、卵形、狭椭圆形至倒卵形，长0.3~2毫米，先端锐尖；茎生叶同基生叶，但较小，具短柄或近无柄。花茎多数，高5~40厘米，通常二歧状分枝；苞叶轮生，卵形或倒卵形，长0.5~3厘米，二回羽状全裂，向上渐变小，至最上部者为线形；花小，排列成二歧聚伞花序，花直径5~8毫米，花梗细长，每花具数枚刚毛状小苞片；萼片卵形或卵状披针形，长2~4毫米，宽1~2毫米，绿色，边缘膜质，全缘，稀具小牙齿；花瓣淡紫色，外面2枚宽倒卵形，长0.5~1厘米，宽4~7毫米，先端绿色、全缘、近革质，里面2枚较小，3裂几达基部，中裂片匙状圆形，具短柄或无柄，边缘内弯，极全缘，侧裂片较长，长卵形或宽披针形，先端钝且极全缘；雄蕊4，与花瓣对生，长4~7毫米，花丝丝状，黄褐色，扁平，基部扩大，花药卵形，长约1毫米，黄色；子房圆柱形，长5~8毫米，粗约1毫米，无毛，胚珠多数，花柱短，柱头2裂，裂片外弯。蒴果直立，圆柱形，长3~4厘米，两侧压扁，成熟时在关节处分离成数小节，每节具1种子；种子扁平，宽倒卵形。花果期6—9月。

[分布环境]分布于迪庆香格里拉、维西、德钦三市（县）海拔1700~4300米的田边地埂，山坡、沟底、草原、草甸或沙砾地上。西藏、

青海、甘肃和四川西部均有分布。

17. 地丁草

[科属]罂粟科，紫堇属。

[形态]通称苦地丁。多年或二年生草本。根细而长，具侧根，根棕褐色。茎柔弱，分枝繁多，高 15 ~ 40 厘米，光滑无毛，常具有 4 ~ 5 条棱脊。基生叶和茎叶互生，具长柄，长 2 ~ 5 厘米；叶片轮廓卵形，2 ~ 4 回羽状全裂，裂片 2 ~ 3 对，具细柄或几无柄，小裂片披针形或长椭圆形，先端钝，基部下延形。总状花序腋生，花序长 1 ~ 6 厘米，有叶状苞片。花淡紫色，长约 2 厘米，横生在小花梗上，小花梗长约 2 毫米，萼片小，2 轮，鳞片状；花瓣 4 枚，外轮 2 片大，上部 1 片瓣尾部延伸成圆筒状的距，距长约 0. 5 厘米，前端微波状，下面花瓣具浅束状，先端微凹，内轮 2 瓣较小，顶端深紫色，顶端微联合，雄蕊 6 枚。花丝联合成扁平两束，对着有距花瓣雄蕊的花丝基部具蜜腺插入距内；每束具 3 个淡黄色花药；雌蕊 1 枚，花柱细而短；柱头侧扁状；子房上位，扁柱形，长约 5 毫米，1 室，侧膜胎座，每室多数胚胎。蒴果，长椭圆形，绿色，长 7 ~ 20 毫米，宽 2 ~ 6毫米，花柱、柱头宿存，2 瓣裂。种子多数，圆肾状，黑色，有光泽。花期 5 月。

[分布环境]分布于迪庆全境海拔 1400 ~ 3200 米的撂荒地、农田附近和沟谷。青海、甘肃、四川西部也有分布。

18. 全缘叶绿绒蒿

[科属]罂粟科，绿绒蒿属。

[形态]一年生至多年生草本。全体被锈色和金黄色平展或反曲，具多短分枝的长柔毛。主根粗约 1 厘米，向下渐狭，具侧根和纤维状细根。茎粗壮，高达 150 厘米，粗达 2 厘米，不分枝，具纵条纹，幼时被毛，老时近无毛，基部盖以宿存的叶基，叶基密被具多短分枝的长柔毛。基生叶莲座状，其间常混生鳞片状叶，叶片倒披针形、倒卵形或近匙形，连叶柄长 8 ~ 32 厘米，宽 1 ~ 5 厘米，先端圆或锐尖，基部渐狭并下延成翅，至叶柄近基部又逐渐扩大，两面被毛，边缘全缘且毛较密，通常具 3 至多条纵脉并在翅上延伸；茎生叶下部者同基生叶，上部者近无柄，狭椭圆形、披针形、倒披针形或条形，比下部叶小，最上部茎生叶常成假轮生状，狭披针

形、倒狭披针形或条形，长 5 ~ 11 厘米，宽 0.5 ~ 1 厘米。花通常 4 ~ 5 朵，稀达 18 朵，生最上部茎生叶腋内，有时也生于下部茎生叶腋内；花梗长 3 ~ 52厘米，果时延长。花芽宽卵形；萼片舟状，长约 3 厘米，外面被毛，里面无毛，具数十条明显的纵脉；花瓣 6 ~ 8，近圆形至倒卵形，长 3 ~ 7 厘米，宽 3 ~ 5 厘米，黄色或稀白色，干时具褐色纵条纹；花丝线形，长 0.5 ~ 1.5 厘米，金黄色或成熟时为褐色，花药卵形至长圆形，长 1 ~ 4 毫米，橘红色，后为黄色至黑色；子房宽椭圆状长圆形、卵形或椭圆形，密被金黄色、紧贴、通常具多短分枝的长硬毛，花柱极短至长 1.3 厘米，无毛，柱头头状，4 ~ 9 裂下延至花柱上，略辐射于子房顶。蒴果宽椭圆状长圆形至椭圆形，长 2 ~ 3 厘米，粗 1 ~ 1.2 厘米，疏或密被金黄色或褐色、平展或紧贴、具多短分枝的长硬毛，4 ~ 9 瓣自顶端开裂至全长 1/3；种子近肾形，长 1 ~ 1.5 毫米，宽约 0.5 毫米，种皮具明显的纵条纹及蜂窝状孔穴。花果期 5—7 月。

[分布环境]分布于迪庆维西、香格里拉、德钦三市（县）海拔 3800 ~ 5000米的灌丛下、山坡、草甸。西藏、青海、甘肃、四川也有分布。

19. 轮叶绿绒蒿

[科属]罂粟科，绿绒蒿属。

[形态]一年生至多年生草本。全体被锈色和金黄色平展或反曲，具多短分枝的长柔毛。主根粗约 1 厘米，向下渐狭，具侧根和纤维状细根。茎粗壮，高达 150 厘米，粗达 2 厘米，不分枝，具纵条纹，幼时被毛，老时近无毛，基部盖以宿存的叶基，叶基密被具多短分枝的长柔毛。基生叶莲座状，其间常混生鳞片状叶，叶片倒披针形、倒卵形或近匙形，连叶柄长 8 ~ 32 厘米，宽 1 ~ 5 厘米，先端圆或锐尖，基部渐狭并下延成翅，至叶柄近基部又逐渐扩大，两面被毛，边缘全缘且毛较密，通常具 3 至多条纵脉并在翅上延伸；茎生叶下部者同基生叶，上部者近无柄，狭椭圆形、披针形、倒披针形或条形，比下部叶小，最上部茎生叶常成假轮生状，狭披针形、倒狭披针形或条形，长 5 ~ 11 厘米，宽 0.5 ~ 1 厘米。花通常 4 ~ 5 朵，稀达 18 朵，生最上部茎生叶腋内，有时也生于下部茎生叶腋内；花梗长 3 ~ 52厘米，果时延长。花芽宽卵形；萼片舟状，长约 3 厘米，外面被毛，里面无毛，具数十条明显的纵脉；花瓣 6 ~ 8，近圆形至倒卵形，长 3 ~ 7

厘米，宽3~5厘米，黄色或稀白色，干时具褐色纵条纹；花丝线形，长0.5~1.5厘米，金黄色或成熟时为褐色，花药卵形至长圆形，长1~4毫米，橘红色，后为黄色至黑色；子房宽椭圆状长圆形、卵形或椭圆形，密被金黄色、紧贴、通常具多短分枝的长硬毛，花柱极短至长1.3厘米，无毛，柱头头状，4~9裂下延至花柱上，略辐射于子房顶。蒴果宽椭圆状长圆形至椭圆形，长2~3厘米，粗1~1.2厘米，疏或密被金黄色或褐色、平展或紧贴、具多短分枝的长硬毛，4~9瓣自顶端开裂至全长1/3；种子近肾形，长1~1.5毫米，宽约0.5毫米，种皮具明显的纵条纹及蜂窝状孔穴。花果期5—7月。

[分布环境]分布于迪庆香格里拉红山、德钦梅里雪山海拔4300~5200米的流石滩、砾石滩中。西藏东南也有分布。

20. 黄花绿绒蒿

[科属]罂粟科，绿绒蒿属。

[形态]一年生草本。主根长约7.5厘米，粗约1.2厘米。叶聚生于茎下部，叶片倒披针形，长约10厘米，宽约1.8厘米，先端急尖或圆，基部渐狭成翅，边缘全缘或微波状，两面无毛或疏被硬毛，背面具白粉；叶柄长约5厘米。花茎直立，高达33厘米，近无毛或密被伸展的硬毛；花10朵以上，生于长20厘米、通常被硬毛的花梗上，上部花无苞片，下部花生于上部茎生叶腋内。花瓣5~8，倒卵形，长约3.8厘米，宽约2.5厘米，先端钝、急尖或具小锯齿，黄色；花丝丝状，花药橘黄色至黑色；子房椭圆形至长椭圆形，通常密被浅黄色、伸展的硬毛，花柱长约7毫米，柱头头状。蒴果长椭圆形，被伸展的硬毛，3~5瓣自顶端微裂；种子镰状椭圆形，种皮具不整齐的皱纹或不明显的凹痕。

[分布环境]分布于迪庆维西海拔3400~4500米的高山灌丛、林缘。

21. 长叶绿绒蒿

[科属]罂粟科，绿绒蒿属。

[形态]一年生草本，株高8~25厘米。主根萝卜状，长3~8厘米，粗0.5~1厘米。茎直立，被黄褐色、平展或反曲的硬毛，或者无毛。叶基生或有时也生于茎下部，叶片倒披针形、条形、匙形、倒卵形、椭圆状披针形、狭倒披针形，长1~15厘米，宽0.5~1.5厘米，先端圆或急尖，基

部楔形，下延成翅，边缘通常全缘，两面无毛或被黄褐色、反曲或卷曲的硬毛，表面黄绿色，背面稍淡，中脉明显，侧脉细；叶柄长2~7厘米。花茎粗壮，中间粗，两端渐狭，具数条细纵肋，疏被黄褐色硬毛；花数朵于花茎上排列成总状花序，无苞片，有时单生于基生花葶上；花梗长0.5~3厘米，通常密被硬毛。花芽近圆形或长圆形，直径0.5~1厘米；萼片外面疏被锈色硬毛；花瓣4~8，倒卵形、近圆形或卵圆形，长1~3厘米，宽0.7~3厘米，先端圆或急尖，有时具细锯齿，紫色或蓝色；花丝丝状，长0.5~1厘米，与花瓣同色，花药长圆形，长1~1.5毫米，黄色至黑褐色；子房长圆形、椭圆状长圆形或椭圆形，被黄褐色、伸展的刺毛，稀无毛，花柱长1~2毫米，柱头头状，淡黄色，2~6裂。蒴果狭倒卵形、长圆状椭圆形、狭长圆形或稀近圆柱形，长1.5~3.5厘米，绿色，成熟时褐色，花柱及果肋深紫色，无毛或被黄褐色硬毛，3~5瓣自顶端开裂至全长的1/3。种子肾形或镰状椭圆形。花果期6—9月。

[分布环境]分布于迪庆香格里拉、维西、德钦三市（县）海拔3300~4800米的林下和高山草地。西藏东南部、四川西部至西北部和甘肃西南部也有分布。

22. **多刺绿绒蒿**

[科属]罂粟科，绿绒蒿属。

[形态]一年生草本。全体被黄褐色或淡黄色、坚硬而平展的刺，刺长0.5~1厘米。主根肥厚而延长，圆柱形，长达20厘米或更多，上部粗1~1.5厘米，果时达2厘米。叶全部基生，叶片披针形，长5~12厘米，宽约1厘米，先端钝或急尖，基部渐狭而入叶柄，边缘全缘或波状，两面被黄褐色或淡黄色平展的刺；叶柄长0.5~3厘米。花葶5~12或更多，长10~20厘米，坚硬，绿色或蓝灰色，密被黄褐色平展的刺，有时花葶基部合生。花单生于花葶上，半下垂，直径2.5~4厘米；花芽近球形，直径约1厘米或更大；萼片外面被刺；花瓣5~8，有时4，宽倒卵形，长1.2~2厘米，宽约1厘米，蓝紫色；花丝丝状，长约1厘米，色比花瓣深，花药长圆形，稍旋扭；子房圆锥状，被黄褐色平伸或斜展的刺，花柱长6~7毫米，柱头圆锥状。蒴果倒卵形或椭圆状长圆形，稀宽卵形，长1.2~2.5厘米，被锈色或黄褐色、平展或反曲的刺，刺基部增粗，通常3~5瓣自顶端

开裂至全长的1/3～1/4；种子肾形，种皮具窗格状网纹。花果期6—9月。

[分布环境]分布于迪庆境内海拔3200～5400米的高山草甸、林缘、灌丛边缘、高山流石滩。西藏、清海、甘肃、四川均有分布。

23. 总状绿绒蒿

[科属]罂粟科，绿绒蒿属。

[形态]一年生草本，株高20～50厘米，全体被黄褐色或淡黄色坚硬而平展的硬刺。主根圆柱形，长达20厘米，上部粗0.5～1.5厘米，向下渐狭。茎圆柱形，不分枝，有时混生基生花葶，近基部粗0.5～1厘米，基部盖以光滑、宿存的叶基。基生叶长圆状披针形、倒披针形或稀狭卵形、条形，长5～20厘米，宽0.7～4.2厘米，先端急尖或钝，基部狭楔形，下延至叶柄基部，边缘全缘或波状，稀具不规则的粗锯齿，两面绿色，被黄褐色或淡黄色平展或紧贴的刺毛，有时刺毛基部呈紫色，中脉在背面隆起，侧脉在两面均明显，叶脉延伸至翅，叶柄长3～8厘米；下部茎生叶同基生叶，上部茎生叶长圆状披针形，有时条形，长3～17厘米，宽0.6～3厘米，全缘，两面被刺毛，具短柄、近无柄至最上部者无柄。花生于上部（约1/3）茎生叶腋内，最上部花无苞片，有时也生于基生叶腋的花葶上；花梗长2～5厘米。花芽近圆形或卵形，直径约1厘米；萼片长圆状卵形，外面被刺毛；花瓣5～8，倒卵状长圆形，长2～3厘米，宽1～2厘米，天蓝色或蓝紫色，有时红色，无毛；花丝丝状，长约1厘米，紫色，花药长圆形，黄色；子房卵形，长5～8毫米，密被刺毛，花柱圆锥形，长2～4毫米，具棱，无毛，柱头长圆形，长1～2毫米。蒴果卵形或长卵形，长0.5～2厘米，粗0.4～1.2厘米，密被刺毛，4～6瓣自顶端开裂至全长的1/3；果梗长1～15厘米，被刺毛；宿存花柱长0.7～1厘米，粗达2毫米；种子长圆形，长1～2毫米，种皮具窗格状网纹。花果期5—8月。

[分布环境]分布于迪庆香格里拉、维西、德钦三市（县）海拔3000～5500米的高山草甸、山坡以及灌丛中，有时生林下。西藏、青海、甘肃东南部、四川西部和北部也有分布。

24. 滇西绿绒蒿

[科属]罂粟科，绿绒蒿属。

[形态]一年生草本。主根肥厚而长，长可达30厘米，上部粗达1.3

厘米。茎短而粗，基部盖以宿存的叶基。叶均基生，叶片狭椭圆形、披针形、倒披针形或匙形，长2.5~6厘米，宽0.7~1.3厘米，先端圆形或急尖，基部逐渐狭窄而下延成翅，全缘或成波伏，有时不规则或羽状深裂，两面具硬毛，表面绿色，背面较淡，主脉明显，侧脉二歧状；具线形叶柄，长3~7厘米。每植株具多数花葶，长达25厘米，果时可达40厘米，通常被锈色或黄褐色伸展的刺毛；花单生于花葶上，下垂；花蕾球形，径约1厘米；萼片外面被锈色或黄褐色硬毛，具明显的线纹，里面无毛；花瓣4~10，倒卵形或近圆形，长1.5~3厘米，宽1.5~2厘米，深紫色或蓝紫色；雄蕊多数，花丝丝状，与花瓣同色或较深，长约1厘米，花药卵形，长约1毫米或更多，乳白色、桔红色、金黄色或黄色；子房椭圆形、椭圆状长圆形或狭倒卵形，被黄褐色紧贴的硬毛，花柱棒状，长0.3~1厘米，柱头头状，乳白色或绿色。蒴果灰褐色，狭倒卵形至狭长圆状椭圆形，长2~3厘米，宽0.5~1厘米，被黄褐色或锈色伸展的硬毛，3（有时4~5）瓣自顶端开裂至全长的1/3~1/4处；种子黑色，镰状椭圆形，种皮具条纹或不明显的纵凹痕。

[分布环境]分布于迪庆香格里拉、维西、德钦三市（县）海拔3400~4500米的草坡。西藏东南部也有分布。

25. 五脉绿绒蒿

[科属]罂粟科，绿绒蒿属。

[形态]多年生草本，株高30~50厘米。基部盖以宿存的叶基，其上密被淡黄色或棕褐色具多短分枝的硬毛。主根不明显，呈须根状。叶均基生，莲座状，叶片倒卵形至披针形，长2~9厘米，宽1~3厘米，先端急尖或钝，基部渐狭并下延至叶柄基部，全缘，两面密被淡黄色或棕褐色具多短分枝的硬毛；叶柄长3~6厘米。花葶1~3，从莲座叶丛中抽出，具肋，被较密的棕黄色、具分枝且反折的硬毛；花下垂，单生于基生花葶顶端，萼片卵形，密被硬毛，花瓣4~6，淡蓝色或紫色，倒卵形或近圆形，长3~4厘米，宽2.5~3.7厘米，花丝丝状，花药长圆形，淡黄色，子房近球形或长圆形，密被具分枝的刚毛，花柱短，柱头头状。蒴果直立，椭圆形，长1.5~2.5厘米，密被硬毛，3~6瓣自先端向下微裂；种子狭卵形。花果期6—9月。

26. **拟秀丽绿绒蒿**

[科属]罂粟科，绿绒蒿属。

[形态]一年生草本，株高10~20厘米。主根肥厚而长，长10厘米以上，粗达2.5厘米。茎短而粗，密盖宿存叶基。叶基生或生于花茎下部，叶片卵形、椭圆形或披针形、倒披针形，长2~5厘米，宽1~2厘米，先端急尖或圆，基部楔形，通常羽状深裂或二回羽状深裂，稀全缘或波状，两面无毛或中脉上被极稀疏的硬毛，近基出脉数条，在两面均明显；叶柄线形，长约11厘米。花生于基生花葶上，花葶有时基部连合，稀生于无苞片的花茎上而与基生花葶混生；花葶长6~20厘米，果时达35厘米，无毛或被平伸或卷曲的硬毛；花芽近球形，径1~1.5厘米；花萼无毛或被极稀疏的硬毛；花瓣4~10，椭圆形、倒卵形或近圆形，长2~3厘米，宽1~2.5厘米，先端圆或急尖，基部楔形，紫色；雄蕊多数，花丝丝状，长约1厘米，与花瓣同色，花药长圆形，长约1毫米，桔黄色至深褐色；子房椭圆形或椭圆状长圆形，疏被紧贴或伸展的硬毛，高3~6毫米，花柱长1.5~1.8毫米，柱头头状。蒴果狭倒卵形至狭椭圆形，长2~3厘米，宽0.5~1厘米，疏被锈色平展或反曲的刺毛，3~4瓣自顶端微裂，花柱延长至6毫米；种子镰状椭圆形，种皮具不明显的纵凹痕。花期7月，果期8—10月。

[分布环境]分布于迪庆香格里拉、德钦海拔3500~4300米的高山流石滩、灌丛中。西藏东南部、四川西北部也有生长。

27. **秀丽绿绒蒿**

[科属]罂粟科，绿绒蒿属。

[形态]一年生草本，植株基部盖以宿存的叶基。主根肥厚，长达23厘米，上部粗达2厘米。叶全部基生，叶片厚且近肉质，卵形或长圆形，长1.5~3厘米，宽1~1.5厘米，羽状深裂或常为3裂片，顶生裂片卵形或近圆形，侧裂片匙形至倒卵形，先端圆，两面无毛，极稀在背面散生刚毛，表面绿色，叶脉不明显，背面具白粉，脉极细；叶柄宽线形或狭条形，长3~8厘米。花葶4~13厘米，长6~20厘米，果时达30厘米，无毛或极稀散生硬毛；花单生于花葶上；花芽卵圆形，长0.8~1.2厘米，宽5~8毫米；花瓣4，倒卵形至近圆形，长2.5~4厘米，宽2~2.7厘米，

先端圆或急尖，淡蓝色、淡紫色或深紫色；花丝丝状，长约 8 毫米，与花瓣同色，花药长圆形，橘黄色；子房狭椭圆形或椭圆状长圆形，长约 6 毫米，被斜展的硬毛，花柱长约 5 毫米，柱头头状，3 ~ 4 裂片。蒴果狭长圆形或近圆柱形，长 4 ~ 9 厘米，粗约 5 毫米，疏被锈色或黄褐色平展的刺毛，3 ~ 4 瓣自顶端开裂至全长的 1/3；种子狭长圆形或椭圆状长圆形，种皮具细纵纹。花果期 7—8 月。

[分布环境]分布于迪庆香格里拉、维西、德钦三市（县）海拔 3400 ~ 4300 米的草坡、灌丛、林缘。西藏东南部、四川西北部也有分布。

28. **丽江绿绒蒿**

[科属]罂粟科，绿绒蒿属。

[形态]一年生草本。主根圆锥形或萝卜状，长 2 ~ 10 厘米，粗 1 ~ 1. 5 厘米，具纤维状细根。叶通常全部基生，叶片倒披针形、椭圆状长圆形至宽线形，长 3 ~ 20 厘米，宽 0. 5 ~ 2 厘米，先端圆或锐尖，基部渐狭成翅，翅基部略扩大成膜质鞘，边缘全缘或略呈波状，两面疏被紧贴、亮褐色的长硬毛，中脉明显，在背面突起。花茎直立，不分枝，高 12 ~ 60 厘米，顶端渐尖，基部渐细，被亮褐色、平展或稍反曲的长硬毛；花 3 ~ 7 朵，生于花茎上部，无苞片；花梗芽时下垂，花时伸展，长 1 ~ 3 厘米，果时延长达 9 厘米，被平展、亮褐色的长硬毛。花芽倒卵形或近球形，长 1 ~ 2 厘米，宽 0. 7 ~ 1. 3 厘米；萼片外面被亮褐色的长硬毛，里面无毛；花瓣通常 4，稀 5，卵形或宽卵形，长 1 ~ 2. 5 厘米，宽 1 ~ 2 厘米，淡蓝色或淡紫蓝色；花丝丝状，长 0. 5 ~ 1 厘米，带紫色，花药长圆形，长约 1 毫米，橘红色或紫黄色；子房狭椭圆状长圆形，无毛或疏被长硬毛，花柱极短或无，柱头 3 ~ 4 裂。蒴果劲直，近狭圆柱形，长约 6 厘米，无毛或疏被长硬毛，2 ~ 4 瓣自顶端开裂至全长的 1/3；种子镰状椭圆形，种皮具不明显的凹痕。花果期 5—9 月。

[分布环境]分布于迪庆维西、香格里拉海拔 3600 ~ 4300 米的草坡、灌丛中。

29. **美丽绿绒蒿**

[科属]罂粟科，绿绒蒿属。

[形态]一年生草本，株高 15 ~ 60 厘米，全体被锈色或淡黄色刺毛。

主根粗而长，长达30厘米，粗达2.5厘米。茎圆柱形，不分枝，有时有基生花葶混生，基部盖以宿存的叶基。基生叶披针形或狭卵形，长5~13厘米，宽2.5~4厘米，先端圆或急尖，基部渐狭而入叶柄，边缘羽状深裂，裂片长圆形，先端圆，稀急尖，裂片间通常圆缺刻，中脉宽，具浅沟，侧脉细，叶柄长2~11厘米，连翅宽2~6毫米；茎生叶同基生叶，但较小，具短柄、近无柄至无柄。花多数，极香，生于上部茎生叶腋内，有时生于混生的基生花葶上，稀基生花葶基部连合于短茎上；下部花具苞片，上部花苞片退化，最上部花无苞片；花梗劲直，长2~8厘米。花芽近球形，直径1~2厘米；花萼外面被黄褐色刺毛；花瓣4~8，倒卵形至近圆形，长2~4.5厘米，宽2~4厘米，先端圆，蓝色至鲜紫红色；花丝丝状，长约1厘米，与花瓣同色但较深，花药长圆形，长约1毫米；子房近球形至卵形，长约5毫米，密被锈色刺毛，花柱长2~4毫米，具棱，有时近基部具刺毛，柱头长圆形，长2~3毫米。蒴果椭圆形，长1.5~2.5厘米，粗0.5~1.2厘米。密被锈色而基部紫色或者黄褐色刺毛，花柱粗壮，延长达1厘米，4~8瓣自顶端开裂至全长的1/3；种子肾形，种皮具纵凹痕。花果期7—10月。

[分布环境]分布于迪庆维西、德钦海拔3700~4400米的高山灌丛草地、岩坡、岩壁和高山流石滩。西藏东南部、四川西北部也有分布。

30. 白花美丽绿绒蒿（变型）

[科属]罂粟科，绿绒蒿属。

[形态]一年生草本，株高15~60厘米。主根粗而长，长达30厘米，粗达2.5厘米。茎圆柱形，不分枝，有时有基生花葶混生，被锈色或淡黄色刺毛，基部盖以宿存的叶基。基生叶披针形或狭卵形，长5~13厘米，宽2.5~4厘米，先端圆或急尖，基部渐狭而入叶柄，边缘羽状深裂，裂片长圆形，先端圆，稀急尖，裂片间通常圆缺刻，中脉宽，具浅沟，侧脉细，叶柄长2~11厘米，连翅宽2~6毫米；茎生叶同基生叶，但较小，具短柄、近无柄至无柄。花多数，极香，生于上部茎生叶腋内，有时生于混生的基生花葶上，稀基生花葶基部连合于短茎上；下部花具苞片，上部花苞片退化，最上部花无苞片；花梗劲直，长2~8厘米。花芽近球形，直径1~2厘米；花萼外面被黄褐色刺毛；花瓣4~8，倒卵形至近圆形，长2~

4.5 厘米，宽 2 ~ 4 厘米，先端圆，白色至淡蓝色；花丝丝状，长约 1 厘米，与花瓣同色但较深，花药长圆形，长约 1 毫米；子房近球形至卵形，长约 5 毫米，密被锈色刺毛，花柱长 2 ~ 4 毫米，具棱，有时近基部具刺毛，柱头长圆形，长 2 ~ 3 毫米。蒴果椭圆形，长1.5 ~ 2.5厘米，粗 0.5 ~ 1.2 厘米。密被锈色而基部紫色或者黄褐色刺毛，花柱粗壮，延长达 1 厘米，4 ~ 8 瓣自顶端开裂至全长的 1/3；种子肾形，种皮具纵凹痕。花果期 7—10 月。

[分布环境]迪庆德钦梅里雪山海拔 4300 米左右有不少分布。迪庆藏医以白花绿绒蒿入药。

龙胆科

1. 阿墩子龙胆

[科属]龙胆科，龙胆属。

[形态]基生叶多数，成丛，条形或倒披针形，长 3 ~ 8 厘米，宽 0.4 ~ 1.2 厘米，先端圆，基部狭，叶脉 1 ~ 3 条，于两面明显；叶柄膜质，长 2 ~ 7厘米；茎生叶 3 ~ 4 对，匙形或倒披针形，长 2 ~ 3.5 厘米，宽 0.5 ~ 1 厘米，先端钝圆，基部钝，叶柄长 1 ~ 2 厘米，愈向茎上部叶愈小，柄愈短至无柄。花多数，组成头状或三歧分枝，顶生或腋生；总花梗长 4 ~ 6 厘米，花深蓝色，有时具蓝色斑点，无梗；花萼倒锥形或筒形，长 8 ~ 10 毫米，外面有乳突，萼管膜质，不开裂或开裂，裂片不整齐，反折，披针形或线形，长 2 ~ 3 毫米，先端急尖，弯缺狭，截形；花冠漏斗形，长 2.5 ~ 3.5 厘米，裂片卵形，长 3 ~ 5 毫米，先端钝，边缘有不规则细齿，褶偏斜，截形或三角形，长 1 ~ 1.5 毫米，边缘有不整齐细齿；雄蕊着生花冠管中下部，花丝线形，长 8 ~ 10 毫米；花药长圆形，长 2 ~ 3 毫米；子房线状披针形，长 7 ~ 12 毫米，两端渐狭，柄长 9 ~ 10 毫米，花柱线形，长 3 ~ 4 毫米，柱头 2 裂、裂片卵形。

[分布环境]迪庆香格里拉、维西、德钦三市（县）海拔 3800 ~ 4800 米的林下、灌丛、高山草甸均有分布。西藏东南部、四川西部也有分布。

2. 岷县龙胆

[科属]龙胆科，龙胆属。

［形态］多年生草本，株高4～25厘米，基部被黑褐色枯老膜质叶柄包围。根茎短缩，直立，具多数略肉质的须根。枝2～4个丛生，其中只有1～3个营养枝及1个花枝，花枝直立，低矮或较高，黄绿色，中空，近圆形，光滑。叶大部分基生，常对折，线状椭圆形，稀狭矩圆形，长2～6厘米，宽0.2～0.9厘米，先端钝，基部渐狭，中脉在两面明显，并在下面突起，叶柄膜质，长2～3.5厘米；茎生叶1～2对，狭矩圆形，长1～3厘米，宽0.3～0.6厘米，先端钝，叶柄短，长至6毫米。花1～8朵，顶生和腋生；无花梗至具长达4厘米的花梗；花萼倒锥形，长1.4～1.7厘米，萼筒叶质，不开裂，裂片直立，稍不整齐，狭矩圆形或披针形，长2.5～8毫米，先端钝，背面脉不明显，弯缺截形或圆形；花冠淡黄色，具蓝灰色宽条纹和细短条纹，筒状钟形或漏斗形，长3～4.5厘米，裂片宽卵形，长3～3.5毫米，先端钝圆，边缘有不整齐细齿，褶偏斜，截形，边缘有不明显波状齿；雄蕊着生于冠筒中部，整齐，花丝丝状钻形，长9～11毫米，花药狭矩圆形，长3～3.5毫米；子房线状披针形，长1.3～1.5毫米，两端渐狭，柄长10～12毫米，花柱线形，长3～4毫米，柱头2裂，裂片外反，线形。蒴果内藏，椭圆状披针形，长1.8～2.5厘米，先端急尖，基部钝，柄长至2厘米；种子黄褐色，有光泽，宽矩圆形或近圆形，长1.5～2毫米，表面具海绵状网隙。花果期7—10月。

［分布环境］分布于迪庆德钦梅里雪山海拔3900～4800米的高山草甸、河滩。西藏东北部、四川西部、青海东南部、甘肃南部均有分布。

3. 柔毛龙胆

［科属］龙胆科，龙胆属。

［形态］一年生草本，株高2.5～3.5厘米。茎黄绿色，光滑，在基部多分枝，稀不分枝，枝铺散，斜升，稀直立。叶先端圆形，边缘无膜质也无软骨质，密生长睫毛，上面光滑，下面具柔毛，以后毛脱落，秃净；叶脉1～3条，在下面突起，密生柔毛，以后毛脱落，秃净，叶柄边缘密生长睫毛，连合成长0.5～0.7毫米的筒；基生叶大，在花期枯萎，宿存，卵圆形，长9～12毫米，宽4.5～8毫米；茎生叶小，密集，长于节间，倒卵状匙形，长4～6毫米，宽1.7～3.5毫米。花多数，单生于小枝顶端；花梗黄绿色，光滑，长2～4毫米，藏于最上部一对叶中；花萼宽筒形，长

7.5～11毫米，外面具柔毛，以后毛脱落或光滑，裂片狭三角形，长2～2.5毫米，先端急尖，具小尖头，边缘无膜质也无软骨质，密生长睫毛，腹面光滑，背面有时具脱落的柔毛，中脉在背面明显或否，有时具柔毛，弯缺截形；花冠淡蓝色，外面具黄绿色宽条纹，漏斗形，长14～19毫米，外面光滑无毛，裂片卵圆形，长1.5～2.5毫米，先端钝圆，具短尾尖，褶宽卵圆形，长1.2～1.5毫米，先端圆形，边缘有不明显波状齿；雄蕊着生于冠筒中部，不整齐，花丝丝状，长2.5～6毫米，花药矩圆形，长0.8～1毫米；子房狭椭圆形，长4～5毫米，两端渐狭，柄长2.5～4毫米，花柱线形，连柱头长1.5～2毫米，柱头2裂，裂片线状矩圆形。蒴果外露或内藏，矩圆状匙形，长8～9毫米，先端圆形，有宽翅，两侧边缘具狭翅，基部渐狭，柄长至13毫米；种子褐色，矩圆形，长1.2～1.5毫米，表面具细网纹。花果期5月。

[分布环境]分布于迪庆香格里拉、维西、德钦三市（县）海拔2600～4200米的阴湿山坡草地。西藏东南部、青海东北部、甘肃南部、四川西部均有分布。

4. 宽龙胆

[科属]龙胆科，龙胆属。

[形态]多年生草本，株高12～15厘米，茎基部有分枝。基生叶对生，茎上部的叶线状披针形或长椭圆状披针形，长5～10毫米，宽2～3.5毫米，茎生叶向上密，向下小，叶柄背面具乳突。花枝多丛生，花单生枝顶，基部包围在上部叶丛中，无花梗；花萼筒带紫色，倒锥形，长10～12毫米，裂片与上部叶同形；花冠长钟形，长5～6厘米，径约2.5厘米，裂片卵圆形，褶整齐或微偏斜，边缘齿蚀形；雄蕊着生于冠筒下部，整齐，花丝蓝色，钻形，基部联合并包围子房，花药黄色，狭矩圆形，子房狭椭圆形，花柱线形，柱头2裂，裂片反卷，线形。花期6—9月。

[分布环境]分布于迪庆香格里拉、维西、德钦三市（县）海拔3600～4200米高山草甸、湿润灌丛。西藏、青海东南部、四川西部、甘肃南部均有分布。

5. 七叶龙胆

[科属]龙胆科，龙胆属。

[形态]多年生草本，株高10～15厘米。根多数略肉质，须状。花枝多数丛生，铺散，斜升，黄绿色，具乳突。莲座丛叶缺或极不发达；茎生叶7枚，稀6枚轮生，密集，先端渐尖，边缘平滑，叶脉在两面均不明显，下部叶小，在花期常枯萎，卵状椭圆形，长3～5毫米，宽1～1.5毫米，中上部叶大，线形，长10～17毫米，宽1～1.5毫米。花单生枝顶，基部包围于上部叶丛中，6～7数，稀5数；无花梗；花萼筒常带紫红色，倒锥状筒形，长10～13毫米，裂片绿色，叶状，与上部叶同形，长10～14毫米，弯缺狭，截形；花冠淡蓝色，筒形或筒状钟形，长5～6厘米，喉部直径1.5～1.8厘米，裂片卵形，长4～5毫米，先端钝，具长2～2.5毫米的尾尖，全缘，褶整齐，截形或卵圆形，长1～1.5毫米，先端钝，全缘；雄蕊着生于冠筒下部，整齐，花丝线形，长17～20毫米，下部连合成短筒包围子房，花药椭圆形，长2～2.5毫米；子房线状披针形，长9～12毫米，两端渐狭，柄长16～20毫米，花柱明显，长3～5毫米，柱头2裂，裂片线形。蒴果内藏，椭圆形，长14～16毫米，两端钝，柄长至3厘米；种子黄褐色有光泽，矩圆形，长0.8～1毫米，表面具蜂窝状网隙。花果期8—9月。

[分布环境]分布于迪庆香格里拉、维西、德钦三市（县）海拔3500～4300米的高山草甸、山坡草地、林边草地、灌丛中。西藏、青海、甘肃、四川均有分布。

6. 微籽龙胆

[科属]龙胆科，龙胆属。

[形态]一年生草本，株高5～6厘米。茎短，直立，密生乳头状短糙毛。叶密集在短茎上，交互对生，基部的叶椭圆形，长1～1.5厘米，上部的叶矩圆披针形，长3～5厘米，宽0.5～0.7厘米，边缘粗糙。花多数簇生茎端，几无梗；花萼漏斗状，长为花冠的3/5，裂片披针形，比萼筒稍长，带紫色，顶端外反，具小尖头，边缘粗糙；花冠漏斗状，蓝紫色，长4厘米，裂片卵状三角形，尖，褶近卵形，膜质，淡白色，比裂片短2倍；雄蕊5；子房具柄，花柱长。蒴果矩圆形，柄粗短；种子极小，近椭圆形，表面蜂窝状。

[分布环境]分布于迪庆香格里拉、维西、德钦三市（县）海拔

2450～3500米的高山草坡或草地。四川西部也有分布。

7. 瘦华丽龙胆

[科属]龙胆科，龙胆属。

[形态]多年生草本，株高10～15厘米。根略肉质，须状。花枝多数丛生，铺散，斜升，黄绿色，光滑。叶先端急尖，边缘微粗糙，叶脉在两面均不明显或仅中脉在下面明显，叶柄背面具乳突；莲座丛叶极不发达，狭三角形，长4～6毫米，宽2～5毫米；茎生叶多对，密集，内弯，在叶腋有极不发育的小枝，叶愈向茎上部愈长，中、下部叶披针形，长7～10毫米，宽2～2.5毫米，上部叶线状披针形，长10～35毫米，宽2～3毫米。花单生枝顶，基部包围于上部叶丛中；无花梗；花萼长为花冠的1/2～3/5，萼筒倒锥状筒形，长13～15毫米，裂片与上部叶同形，长13～15毫米，弯缺截形；花冠淡蓝色，具黄绿色条纹，无斑点，稀淡黄色至白色，狭倒锥形，长5～6厘米，裂片卵形，长7～8毫米，先端钝，全缘，褶整齐，宽卵形，长2.5～3毫米，先端钝，边缘有不整齐细齿；雄蕊着生于冠筒中部，整齐，花丝钻形，长10～12毫米，基部连合成短筒包围子房，花药狭矩圆形，长3～3.5毫米，子房线状披针形，长12～14毫米，两端渐狭。柄细，长18～20毫米，花柱线形，连柱头长6～7毫米，柱头2裂，裂片线形。蒴果内藏，椭圆状披针形，长2.5～2.7厘米，先端渐狭，基部钝，柄长至2.5厘米；种子黄褐色，有光泽，矩圆形，长0.8～1毫米，表面具蜂窝状网隙。花果期5—10月。

[分布环境]分布于迪庆香格里拉、维西、德钦三市（县）海拔3600～4200米高山草甸、灌丛湿润草地、山坡。西藏、青海、四川西部、甘肃南部也有分布。

8. 红花龙胆

[科属]龙胆科，龙胆属。

[形态]多年生草本，株高20～50厘米，具短缩根茎。根细条形，黄色。茎直立，单生或数个丛生，常带紫色，具细条棱，微粗糙，上部多分枝。基生叶呈莲座状，椭圆形、倒卵形或卵形，长2～4厘米，宽0.7～2厘米，先端急尖，基部楔形，渐狭呈长0.5～1厘米的短柄，边缘膜质浅波状；茎生叶宽卵形或卵状三角形，长1～3厘米，宽0.5～2厘米，先端渐

尖或急尖，基部圆形或心形，边缘浅波状，叶脉3～5条，下面明显，有时疏被毛，无柄或下部的叶具极短而扁平的柄，长1～2毫米，外面密被短毛或无毛，基部连合成短筒抱茎。花单生茎顶，无花梗；花萼膜质，有时微带紫色，萼筒长7～13毫米，脉稍突起具狭翅，裂片线状披针形，长5～10毫米，边缘有时疏生睫毛，弯缺圆形；花冠淡红色，上部有紫色纵纹，筒状，上部稍开展，长3～4.5厘米，裂片卵形或卵状三角形，长5～9毫米，宽4～5毫米，先端钝或渐尖，褶宽三角形，比裂片稍短，宽4～5毫米，先端具细长流苏；雄蕊着生于冠筒下部，花丝丝状，长短不等，长者长约12毫米，短者长约5毫米，花药椭圆形，长约3毫米；子房椭圆形，长约10毫米，柄短，长4～5毫米，花柱丝状，长约6毫米，柱头线形，2裂。蒴果内藏或仅先端外露，淡褐色，长椭圆形，两端渐狭，长2～2.5厘米，宽约4毫米，果皮薄，柄长约2厘米；种子淡褐色，近圆形，直径约1毫米，具翅。花果期10月至翌年2月。

[分布环境]分布于迪庆维西、德钦海拔2200～2800米的山坡草丛或湿润灌丛中。甘肃南部、四川西北部也有分布。

9. **高山龙胆**

[科属]龙胆科，龙胆属。

[形态]多年生草本，株高8～20厘米，基部被黑褐色枯老膜质叶鞘包围。根茎短缩，直立或斜伸，具多数略肉质的须根。枝2～4个丛生，其中有1～3个营养枝和1个花枝；花枝直立，黄绿色，近圆形，中空，光滑。叶大部分基生，常对折，线状椭圆形和线状披针形，长2～5.5厘米，宽0.3～0.5厘米，先端钝，基部渐狭，叶脉1～3条，在两面均明显，并在下面稍突起，叶柄膜质，长1～3.5厘米；茎生叶1～3对，叶片狭椭圆形或椭圆状披针形，长1.8～2.8厘米，宽0.4～0.8厘米，两端钝，叶脉1～3条，在两面均明显，并在下面稍突起，叶柄短，长至0.6厘米，愈向茎上部叶愈小，柄愈短。花常1～3朵，稀至5朵，顶生；无花梗或具短花梗；花萼钟形或倒锥形，长2～2.2厘米，萼筒膜质，不开裂或一侧开裂，萼齿不整齐，线状披针形或狭矩圆形，长5～8毫米，先端钝，弯缺狭窄，截形；花冠黄白色，具多数深蓝色斑点，尤以冠檐部为多，筒状钟形或漏斗形，长4～5厘米，裂片三角形或卵状三角形，长5～6毫米，先端钝，全

缘，褶偏斜，截形，全缘或边缘有不明显细齿；雄蕊着生于冠筒中下部，整齐，花丝线状钻形，长 13 ~ 16 毫米，花药狭矩圆形，长 2.5 ~ 3.2 毫米；子房线状披针形，长 13 ~ 15 毫米，两端渐狭，柄长 10 ~ 15 毫米，花柱细，连柱头长 4 ~ 6 毫米，柱头 2 裂，裂片外反，线形。蒴果内藏或外露，椭圆状披针形，长 2 ~ 3 厘米，先端急尖，基部钝，柄细长，长至 4.5 厘米；种子黄褐色，有光泽，宽矩圆形或近圆形，长 1.4 ~ 1.6 毫米，表面具海绵状网隙。花果期 7—9 月。

[分布环境]分布于迪庆德钦甲午雪山海拔 3900 ~ 4260 米的高山灌丛湿地旁。四川西部、甘肃南部也有分布。

10. 鳞叶龙胆

[科属]龙胆科，龙胆属。

[形态]一年生草本，株高 2 ~ 8 厘米。茎黄绿色，或紫红色，密被黄绿色有时夹杂有紫色乳突，自基部起多分枝，枝铺散，斜升。叶先端钝圆或急尖，具短小尖头，基部渐狭，边缘厚软骨质，密生细乳突，两面光滑，中脉白色软骨质，在下面突起，密生细乳突，叶柄白色膜质，边缘具短睫毛，背面具细乳突，仅连合成长 0.5 ~ 1 毫米的短筒；基生叶大，在花期枯萎，宿存，卵形、卵圆形或卵状椭圆形，长 6 ~ 10 毫米，宽 5 ~ 9 毫米；茎生叶小，外反，密集或疏离，长于或短于节间，倒卵状匙形或匙形，长 4 ~ 7 毫米，宽 1.7 ~ 3 毫米。花多数，单生于小枝顶端；花梗黄绿色或紫红色，密被黄绿色乳突、有时夹杂有紫色乳突，长 2 ~ 8 毫米，藏于或大部分藏于最上部叶中；花萼倒锥状筒形，长 5 ~ 8 毫米，外面具细乳突，萼筒常具白色膜质和绿色叶质相间的宽条纹，裂片外反，绿色，叶状，整齐，卵圆形或卵形，长 1.5 ~ 2 毫米，先端钝圆或钝，具短小尖头，基部圆形，突然收缩成爪，边缘厚软骨质，密生细乳突，两面光滑，中脉白色厚软骨质，在下面突起，并向萼筒下延成短脊或否，密生细乳突，弯缺宽，截形；花冠蓝色，筒状漏斗形，长 7 ~ 10 毫米，裂片卵状三角形，长 1.5 ~ 2 毫米，先端钝，无小尖头，褶卵形，长 1 ~ 1.2 毫米，先端钝，全缘或边缘有细齿；雄蕊着生于冠筒中部，整齐，花丝丝状，长 2 ~ 2.5 毫米，花药矩圆形，长 0.7 ~ 1 毫米；子房宽椭圆形，长 2 ~ 3.5 毫米，先端钝圆，基部渐狭成柄，柄粗，长 0.5 ~ 1 毫米，花柱柱状，连柱头长 1 ~ 1.5 毫米，

柱头2裂，外反，半圆形或宽矩圆形。蒴果外露，倒卵状矩圆形，长3.5~5.5毫米，先端圆形，有宽翅，两侧边缘有狭翅，基部渐狭成柄，柄粗壮，直立，长至8毫米；种子黑褐色，椭圆形或矩圆形，长0.8~1毫米，表面有白色光亮的细网纹。花果期4—9月。

[分布环境]分布于迪庆香格里拉、维西、德钦三市（县）海拔2800~4300米的高山草甸、灌丛湿润草地。西藏、青海、四川、甘肃均有分布。

11. 华丽龙胆

[科属]龙胆科，龙胆属。

[形态]多年生草本，株高10~15厘米。根略肉质，须状。花枝多数丛生，铺散，斜升，黄绿色，光滑。叶先端急尖，边缘微粗糙，叶脉在两面均不明显或仅中脉在下面明显，叶柄背面具乳突；莲座丛叶极不发达，狭三角形，长3~5毫米，宽2~5毫米；茎生叶多对，密集，内弯，在叶腋有极不发育的小枝，叶愈向茎上部愈长，中、下部叶披针形，长7~10毫米，宽2~2.5毫米，上部叶线状披针形，长10~35毫米，宽2~3毫米。花单生枝顶，基部包围于上部叶丛中；无花梗；花萼长为花冠的1/2~3/5，萼筒倒锥状筒形，长10~15毫米，裂片与上部叶同形，长13~15毫米，弯缺截形；花冠淡蓝色，具黄绿色条纹，无斑点，稀淡黄色至白色，狭倒锥形，长5~6厘米，裂片卵形，长7~8毫米，先端钝，全缘，褶整齐，宽卵形，长2.5~3毫米，先端钝，边缘有不整齐细齿；雄蕊着生于冠筒中部，整齐，花丝钻形，长10~12毫米，基部连合成短筒包围子房，花药狭矩圆形，长3~3.5毫米，子房线状披针形，长12~14毫米，两端渐狭。柄细，长18~20毫米，花柱线形，连柱头长6~7毫米，柱头2裂，裂片线形。蒴果内藏，椭圆状披针形，长2.5~2.7厘米，先端渐狭，基部钝，柄长至2.5厘米；种子黄褐色，有光泽，矩圆形，长0.8~1毫米，表面具蜂窝状网隙。花果期5—10月。

[分布环境]分布于迪庆香格里拉、维西、德钦三市（县）海拔3300~4500米的高山草甸、流石滩。西藏、青海、甘肃、四川均有分布。

12. 云南龙胆

[科属]龙胆科，龙胆属。

[形态]叶较多，疏离，叶片匙形或倒卵形，长10~35毫米，宽4~13毫米，先端钝圆，基部渐狭，边缘微粗糙或平滑，叶脉1~3条，细而明显，叶柄细，与叶片等长或稍长。花极多数，以1~3朵着生小枝顶端或叶腋；无花梗；花萼筒倒锥状筒形，长6~8.5毫米，裂片不整齐，3个大，匙形，长8~10毫米，2个小，狭椭圆形，长4~6毫米，先端钝圆，基部渐狭，边缘微粗糙或平滑，中脉在背面明显，弯缺圆形；花冠黄绿色或淡蓝色，具蓝灰色斑点，筒形，长1.5~2.6厘米，裂片卵形，长3~5毫米，先端钝，全缘，褶整齐，宽卵形，长0.7~1毫米，先端2浅裂或具细齿；雄蕊着生于冠筒中部，内藏，不整齐，花丝线状钻形，3个长，长10~12毫米，2个短，长7~9毫米，花药矩圆形，长1~1.5毫米；子房线形，长8~9毫米，两端渐狭，柄长4~5毫米，花柱线形，连柱头长2~3毫米，柱头2裂，裂片线状矩圆形。蒴果内藏或先端外露，狭矩圆形，长11~13毫米，先端急尖，基部钝，柄常约与蒴果等长，稀长达35毫米；种子褐色，近圆球形，直径0.5~0.7毫米，表面具浅蜂窝状网隙。花果期8—10月。

[分布环境]分布于迪庆香格里拉、维西、德钦三市（县）海拔3400~4100米的草坡、沟边。四川西部也有分布。

13. 矮龙胆

[科属]龙胆科，龙胆属。

[形态]多年生草本，株高2~3厘米，有发达的匍匐茎。须根少，细弱。枝多数，稀疏丛生，直立，极低矮，节间短缩，基部被黑褐色枯存残叶。叶密集，莲座状，倒卵状匙形或匙形，连柄长4~11毫米，宽3~6毫米。先端圆形，基部渐狭，边缘平滑，叶脉1~3条，明显或否，叶柄膜质，扁平，光滑。花单生枝顶，基部被包围于叶丛中；无花梗；花萼筒膜质，黄绿色，长6~8毫米，裂片稍不整齐，三角形、披针形或匙形，长2.5~3毫米，先端急尖或钝圆，边缘平滑，脉在背面不明显，弯缺楔形；花冠蓝色，钟形，花萼以上突然膨大，长2~2.6厘米，裂片半圆形或宽卵圆形，长1.5~2.5毫米，先端钝圆，全缘，褶偏斜，宽卵形，长1~1.5毫米，先端钝，全缘或具细齿；雄蕊着生于冠筒下部，整齐或不整齐，花丝线状钻形，长7~9毫米，花药矩圆形，长1.5~1.7毫米；子房狭椭圆

状披针形，长10～11毫米，两端渐狭，柄长7～8毫米，花柱极短，连柱头长1～1.5毫米，柱头2裂，裂片外反，矩圆形。蒴果内藏或先端外露，卵状椭圆形，长1.4～1.6厘米，两端渐狭，柄长至1.7厘米；种子黄褐色，有光泽，矩圆形或近圆形，长1～1.3毫米，表面具海绵状网隙。花果期8—10月。

[分布环境]分布于迪庆香格里拉、维西、德钦三市（县）海拔3900～5000米的高山草甸、流石滩。西藏东南部、四川西部也有分布。

14. **哈巴龙胆**

[科属]龙胆科，龙胆属。

[形态]多年生草本。高100～150毫米，茎基分枝匍匐状，被短腺毛。营养枝叶成莲座状，披针形，长25～40毫米；茎生叶对生，类卵形至披针形，长5～20毫米，宽2～6毫米，基部连合成短鞘。端生单花，无梗；萼筒长约25毫米，裂片披针形，长近于萼筒，花冠钟状漏斗形，直径约50毫米，深蓝色，裂片三角形，褶顶微凹；子具柄，花柱短，柱头2裂。蒴果长圆锥形，梗长20毫米。种子孚数，长圆形，长1～1.3毫米，表面黄褐色，具泡沫状网纹。花期7—8月，果期8—9月。

[分布环境]分布于迪庆香格里拉、德钦海拔3600～4700米的高山坡地、草甸、灌丛。西藏、川西也有分布。

15. **滇龙胆草**

[科属]龙胆科，龙胆属。

[形态]多年生草本，株高30～50厘米。须根肉质。主茎粗壮，发达，有分枝。花枝多数，丛生，直立，坚硬，基部木质化，上部草质，紫色或黄绿色，中空，近圆形，幼时具乳突，老时光滑。无莲座状叶丛；茎生叶多对，下部2～4对小，鳞片形，其余叶卵状矩圆形、倒卵形或卵形，长1.2～4.5厘米，宽0.7～2.2厘米，先端钝圆，基部楔形，边缘略外卷，有乳突或光滑，上面深绿色，下面黄绿色，叶脉1～3条，在下面突起，叶柄边缘具乳突，长5～8毫米。花多数，簇生枝端呈头状，稀腋生或簇生小枝顶端，被包围于最上部的苞叶状的叶丛中；无花梗；花萼倒锥形，长10～12毫米，萼筒膜质，全缘不开裂，裂片绿色，不整齐，2个大，倒卵状矩圆形或矩圆形，长5～8毫米，先端钝，具小尖头，基部狭缩成爪，中

脉明显，3个小，线形或披针形，长2~3.5毫米，先端渐尖，具小尖头，基部不狭缩；花冠蓝紫色或蓝色，冠檐多数具深蓝色斑点，漏斗形或钟形，长2.5~3厘米，裂片宽三角形，长5~5.5毫米，先端具尾尖，全缘或下部边缘有细齿，褶偏斜，三角形，长1~1.5毫米，先端钝，全缘；雄蕊着生冠筒下部，整齐，花丝线状钻形，长14~16毫米，花药矩圆形，长2.5~3毫米；子房线状披针形，长11~13毫米，两端渐狭，柄长8~10毫米，花柱线形，连柱头长2~3毫米，柱头2裂，裂片外卷，线形。蒴果内藏，椭圆形或椭圆状披针形，长10~12毫米，先端急尖或钝，基部钝，柄长至15毫米；种子黄褐色，有光泽，矩圆形，长0.8~1毫米，表面有蜂窝状网隙。

[分布环境]分布于迪庆香格里拉、维西、德钦三市（县），金沙江、澜沧江沿岸海拔2200~2600米的山坡草地或灌丛、路边林缘。四川也有分布。

16. 蓝玉簪龙胆

[科属]龙胆科，龙胆属。

[形态]多年生草本，株高5~10厘米。根略肉质，须状。花枝多数丛生，铺散，斜升，黄绿色，具乳突。叶先端急尖，边缘粗糙，叶脉在两面均不明显或仅中脉在下面明显，叶柄背面具乳突；莲座丛叶发达，线状披针形，长30~55毫米，宽2~5毫米；茎生叶多对，愈向茎上部叶愈密、愈长。下部叶卵形，长2.5~7毫米，宽2~4毫米；中部叶狭椭圆形或椭圆状披针形，长7~13毫米，宽3~4.5毫米；上部叶宽线形或线状披针形，长10~15毫米，宽2~4毫米。花单生枝顶，下部包围于上部叶丛中；无花梗；花萼长为花冠的1/3~1/2，萼筒常带紫红色，筒形，长1.2~1.4厘米，裂片与上部叶同形，长6~11毫米，宽2~3.5毫米，弯缺截形；花冠上部深蓝色，下部黄绿色，具深蓝色条纹和斑点，稀淡黄色至白色，狭漏斗形或漏斗形，长4~6厘米，裂片卵状三角形，长4~7毫米，先端急尖，全缘，褶整齐，宽卵形，长2.5~3.5毫米，先端钝，全缘或截形，边缘啮蚀形；雄蕊着生于冠筒中下部，整齐，花丝钻形，长9~13毫米，基部连合成短筒包围子房，花药狭矩圆形，长3~3.5毫米；子房线状椭圆形，长10~12毫米，两端渐狭，柄长15~20毫米，花柱线形，连柱头长

5～6毫米，柱头2裂，裂片线形。蒴果内藏，椭圆形或卵状椭圆形，长1.5～1.7厘米，先端渐狭，基部钝，柄细，长至3厘米；种子黄褐色，有光泽，矩圆形，长1～1.3毫米，表面具蜂窝状网隙。花果期6—10月。

[分布环境]迪庆香格里拉、维西、德钦三市（县）海拔2500～4800米的山坡草地、河滩、高山草甸、灌丛林下均有分布。西藏、青海、甘肃、四川也有分布。

17. 无茎龙胆

[科属]龙胆科，龙胆属。

[形态]多年生草本，株高4～25厘米，基部被黑褐色枯老膜质叶柄包围。根茎短缩，直立，具多数略肉质的须根。枝2～4个丛生，其中只有1～3个营养枝及1个花枝，花枝直立，低矮或较高，黄绿色，中空，近圆形，光滑。叶大部分基生，常对折，线状椭圆形，稀狭矩圆形，长2～6厘米，宽0.2～0.9厘米，先端钝，基部渐狭，中脉在两面明显，并在下面突起，叶柄膜质，长2～3.5厘米；茎生叶1～2对，狭矩圆形，长1～3厘米，宽0.3～0.6厘米，先端钝，叶柄短，长至6毫米。花1～8朵，顶生和腋生；无花梗至具长达4厘米的花梗；花萼倒锥形，长1.4～1.7厘米，萼筒叶质，不开裂，裂片直立，稍不整齐，狭矩圆形或披针形，长2.5～8毫米，先端钝，背面脉不明显，弯缺截形或圆形；花冠淡黄色，具蓝灰色宽条纹和细短条纹，筒状钟形或漏斗形，长3～4.5厘米，裂片宽卵形，长3～3.5毫米，先端钝圆，边缘有不整齐细齿，褶偏斜，截形，边缘有不明显波状齿；雄蕊着生于冠筒中部，整齐，花丝丝状钻形，长9～11毫米，花药狭矩圆形，长3～3.5毫米；子房线状披针形，长1.3～1.5毫米，两端渐狭，柄长10～12毫米，花柱线形，长3～4毫米，柱头2裂，裂片外反，线形。蒴果内藏，椭圆状披针形，长1.8～2.5厘米，先端急尖，基部钝，柄长至2厘米；种子黄褐色，有光泽，宽矩圆形或近圆形，长1.5～2毫米，表面具海绵状网隙。花果期7—10月。

[分布环境]分布于迪庆香格里拉、维西、德钦三市（县）海拔2500～4800米的山坡草地、河滩、高山草甸、灌丛林下。西藏、青海、甘肃、四川也有分布。

18. 肾叶龙胆

[科属]龙胆科，龙胆属。

[形态]一年生草本，株高2～6厘米。茎常带紫红色，密被黄绿色、有时夹杂紫红色乳突，在基部多分枝，枝铺散，斜升。叶基部心形或圆形，突然收缩成柄，边缘厚软骨质，仅基部及叶柄边缘疏生短睫毛，其余平滑，两面光滑，中脉白色软骨质，光滑，在下面突起，叶柄背面密生黄绿色、有时夹杂有紫红色乳突，仅连合成长0.5～1毫米的筒；基生叶大，在花期枯萎，宿存，长3～10毫米，宽1.5～6毫米，先端急尖，具小尖头；茎生叶近直立，疏离，短于节间，中、下部者卵状三角形，长1.5～3毫米，宽1.5～3.5毫米，先端急尖至圆形，具外反的小尖头，上部者肾形或宽圆形，长1.5～4毫米，宽2～4.5毫米，先端圆形至截形，具外反的小尖头。花数朵，单生于小枝顶端；花梗常带紫红色，密被黄绿色、有时夹杂有紫红色乳突，长1.5～3毫米，藏于最上部一对叶中；花萼宽筒形或倒锥状筒形，长5～12毫米，萼筒膜质常带紫红色，裂片绿色，直立稀外反，整齐，肾形或宽圆形，长1.2～1.5毫米，宽1.5～2毫米，先端圆形或截形，具外反的小尖头，基部心形或圆形，突然收缩成短爪，边缘厚软骨质，仅基部疏生短睫毛，其余平滑，两面光滑，中脉白色厚软骨质，在背面突起，并向萼筒下延成脊，弯缺狭窄，截形；花冠上部蓝色或蓝紫色，下部黄绿色，高脚杯状，长9～21毫米，冠筒细筒形，冠檐突然膨大，喉部直径1.5～5毫米，裂片卵形，长1.5～2.5毫米，先端钝圆或钝，无小尖头，褶宽卵形，长1～1.5毫米，先端钝，边缘啮蚀形；雄蕊着生于冠筒中上部，整齐，花丝丝状，长1.2～4毫米，花药狭矩圆形，长1～1.2毫米；子房矩圆形或椭圆形，长3～7毫米，先端钝，基部渐狭成柄，柄粗，长1～3毫米，花柱线形，长1.5～3.5毫米，柱头2裂，裂片外反，宽线形。蒴果外露或内藏，矩圆形或倒卵状矩圆形，长3.5～5毫米，先端钝圆，具宽翅，两侧边缘具狭翅，基部渐狭成柄，柄粗壮，长至18毫米；种子淡褐色，矩圆形或椭圆形，长1～1.2毫米，表面具致密的细网纹。花果期6—9月。

[分布环境]分布于迪庆香格里拉、维西、德钦三市（县）海拔4000～4600米高山砾石缝、高山流石滩。西藏也有分布。

19. 六叶龙胆

[科属]龙胆科，龙胆属。

[形态]多年生草本，株高5～20厘米。根多数略肉质，须状。花枝多数丛生，铺散，斜升，紫红色或黄绿色，具乳突。莲座从叶极不发达，三角形，长5～10毫米，宽1.5～2毫米，先端急尖；茎生叶6～7枚，稀5枚轮生，先端钝圆，具短小尖头，边缘粗糙，叶脉在两面均不明显或仅中脉在下面明显，下部叶小，疏离，在花期常枯萎，卵形或披针形，长2.5～6毫米，宽1～2毫米，中、上部叶大，由下向上逐渐密集，线状匙形，长5～15毫米，宽1.5～3毫米。花枝顶单生，下部包围于上部叶丛中，6～7数，稀5或8数；无花梗；花萼筒紫红色或黄绿色，倒锥形或倒锥状筒形，长8～10毫米，裂片绿色，叶状，与上部叶同形，长5～11毫米，弯缺狭，截形；花冠蓝色，具深蓝色条纹或有时筒部黄白色，筒形或狭漏斗形，长3.5～5厘米，喉部直径1～1.5厘米，裂片卵形或卵圆形，长4.5～6毫米，先端钝，具长2～2.5毫米的尾尖，边缘具明显或不明显的啮蚀形，褶整齐，截形或宽三角形，长0.5～1毫米，先端钝，边缘齿蚀形；雄蕊着生于冠筒下部，整齐，花丝钻形，长2～3毫米，花药狭矩圆形，长2～3毫米；子房线状披针形，长7～10毫米，先端渐狭，基部钝，柄长14～16毫米，花柱线形，连柱头长3～5毫米，柱头2裂，裂片外反，矩圆形。蒴果内藏，稀先端外露，椭圆状披针形，长13～17毫米，先端渐狭，基部钝，柄长至5厘米；种子黄褐色，有光泽，矩圆形或卵形，长1.2～1.5毫米，表面具蜂窝状网隙。花果期7—9月。

[分布环境]分布于迪庆香格里拉、维西、德钦三市（县）海拔2500～4800米的山坡草地、河滩、高山草甸、灌丛林下。西藏、青海、甘肃、四川也有分布。

20. 云雾龙胆

[科属]龙胆科，龙胆属。

[形态]多年生草本，株高8～17厘米，基部被黑褐色枯老膜质叶鞘包围。枝2～5个丛生，其中有1～4个营养枝和1个花枝；花枝直立，常带紫红色，中空，近圆形，幼时具乳突，老时光滑。叶大部分基生，常对折，线状披针形、狭椭圆形至匙形，长2～6厘米，宽0.4～1.1厘米，先

端钝或钝圆，基部渐狭，两面光滑或幼时具乳突，叶脉1~3条，在两面均明显，并在下面稍突起，叶柄膜质，长1~3厘米；茎生叶1~3对，无柄，狭椭圆形或椭圆状披针形，长1.5~3厘米，宽0.3~0.7厘米，先端钝，中脉在下面稍突起。花1~3，顶生；无花梗或具短的花梗；花萼筒状钟形或倒锥形，长1.5~2.7厘米，萼筒草质，有时膜质，具绿色或蓝色斑点，不开裂，裂片直立，不整齐，狭矩圆形，长2~8.5毫米，先端钝，中脉在背面明显或否，弯缺窄，圆形或截形；花冠上部蓝色，下部黄白色，具深蓝色的细长的或短的条纹，漏斗形或狭倒锥形，长3.5~6厘米，裂片卵形，长3~4.5毫米，先端钝，上部全缘，下部边缘有不整齐细齿，褶偏斜，截形，边缘具不整齐波状齿或啮蚀状；雄蕊着生于冠筒下部，整齐；花丝钻形，长12~22毫米，花药狭矩圆形或线形，长2~3.5毫米；子房披针形，长1~1.6厘米，两端渐狭，柄长1.7~2厘米，花柱明显，连柱头长3~6毫米，柱头2裂，裂片线形。蒴果内藏或仅先端外露，椭圆状披针形，长2~3厘米，两端钝，柄长至3厘米；种子黄褐色，有光泽，宽矩圆形或近圆形，长1.6~2毫米，表面具海绵状网隙。花果期7—9月。

[分布环境]分布于迪庆香格里拉、维西、德钦三市（县）海拔2500~4800米的山坡草地、河滩、高山草甸、灌丛林下。西藏、青海、甘肃、四川也有分布。

21. 东俄洛龙胆

[科属]龙胆科，龙胆属。

[形态]一年生草本，株高3~8厘米。主根明显。茎紫红色，具乳突，从基部起多分枝，铺散。基生叶小，在花期枯萎；茎生叶略肉质，叶片近圆形，直径3~5毫米，愈向茎上部叶愈大，基部突然收缩成柄，边缘具软骨质，平滑，叶脉在两面均不明显或仅中脉在下面明显，叶柄扁平，稍长于叶片，长3~6毫米，背面具乳突或光滑，基部扩大并连合成环状。花多数，单生于小枝顶端；无花梗；花萼筒膜质，筒形，长6~10毫米，外面具乳突或光滑，裂片略肉质，外反或开展，绿色，与叶同形，但略小，长2~4米，先端圆形，基部钝，突然收缩成爪，边缘具狭的软骨质，平滑，脉不明显，弯缺截形；花冠淡黄色，上部具蓝色斑点，高脚杯状，稀筒形，长1.4~2.4厘米。裂片卵状椭圆形，长2~4.5毫米，先端钝，全缘，

褶小，极偏斜，耳形或2齿形，长1~1.5毫米；雄蕊着生于冠筒中部，常伸出花冠之外，稀内藏，整齐。花丝丝状，长2~9毫米，花药狭矩圆形，长0.7~1.2毫米；子房线状椭圆形或披针形，长5~7毫米，先端渐尖，基部钝，柄长3~4毫米，花柱极长，常伸出花冠之外，稀内藏，丝状，长3~7毫米，柱头2裂，裂片外反，线形。蒴果部分外露或内藏，狭矩圆形，长6~12毫米，先端急尖，基部钝，柄长至7毫米；种子褐色，矩圆形，长0.8~1毫米，表面具浅蜂窝状网隙。花果期8—9月。

[分布环境]分布于迪庆香格里拉、维西、德钦三市（县）海拔2500~4800米的山坡草地、河滩、高山草甸、灌丛林下。西藏、青海、甘肃、四川也有分布。

22. 青藏龙胆

[科属]龙胆科，龙胆属。

[形态]多年生草本，株高5~10厘米。根略肉质，须状。花枝多数丛生，铺散，斜升，黄绿色，光滑。叶先端急尖，边缘粗糙，叶脉在两面均不明显或仅中脉在下面明显，叶柄背面具乳突，莲座丛叶常不发达，线状披针形，长10~20毫米，宽2~2.5毫米，稀长2~4.5厘米；茎生叶多对，愈向枝上部叶愈密、愈长，下部叶狭矩圆形，长3~6毫米，宽1.5~2毫米，中、上部叶线形或线状披针形，长6~20毫米，宽1.5~2毫米。花单生枝顶，基部包围于上部叶丛中；无花梗；花萼长为花冠的1/2~1/3，萼筒宽筒形或倒锥状筒形，长10~14毫米，裂片与上部叶同形，长6~14毫米，宽1.5~2毫米，弯缺截形；花冠上部深蓝色，下部黄绿色，具深蓝色条纹和斑点，稀淡黄色至白色，具淡蓝灰色斑点，倒锥状筒形，长5~6厘米，裂片卵状三角形，长6~7.5毫米，先端急尖，全缘，褶整齐，宽卵形，长4~5毫米，先端钝，边缘有不整齐细齿；雄蕊着生于冠筒中部，整齐，花丝钻形，长7~11毫米，基部连合成短筒包围子房，花药狭矩圆形，长2.5~3毫米；子房线形，长12~14毫米，两端渐狭，柄细，长22~25毫米，花柱线形，连柱头长4~5毫米，柱头2裂，裂片外反，矩圆形。蒴果内藏，椭圆形，长15~18毫米，两端渐狭，柄细，长至2.5厘米；种子黄褐色，有光泽，宽矩圆形，长0.8~1毫米，表面具蜂窝状网隙。花果期8—11月。

[分布环境]分布于迪庆香格里拉、维西、德钦三市（县），海拔4000～4600米的高山砾石缝、高山流石滩。西藏也有分布。

23. 白花美丽龙胆

[科属]龙胆科，龙胆属。

[形态]多年生草本。茎直立，四棱形，斜升或铺散。叶对生，稀轮生，在多年生的种类中，不育茎或营养枝的叶常呈莲座状。复聚伞花序、聚伞花序或花单生；花两性，4～5数，稀6～8数；花萼筒形或钟形，浅裂，萼筒内面具萼内膜，萼内膜高度发育呈筒形或退化，仅保留在裂片间呈三角袋状；花冠筒形、漏斗形或钟形，常浅裂，稀分裂较深，使冠筒与裂片等长或较短，裂片间具褶，裂片在蕾中右向旋卷；雄蕊着生于冠筒上，与裂片互生，花丝基部略增宽并向冠筒下延成翅，花药背着；子房一室，花柱明显，一般较短，有时较长呈丝状；腺体小，多达10个，轮状着生于子房基部。蒴果2裂。种子小，甚多，表面具多种纹路，有致密的细网纹，增粗的网纹，蜂窝状网隙或海绵状网隙；常无翅，少有翅或幼时具狭翅，老时翅消失。

[分布环境]分布于迪庆德钦甲午雪山海拔3900～4260米的高山灌丛湿地。四川西部、甘肃南部也有分布。

24. 毛茎龙胆

[科属]龙胆科，龙胆属。

[形态]一年生草本，株高7～10厘米。茎紫红色，密被紫红色乳突，从基部起多分枝，枝铺散，斜升。叶先端钝，边缘密生乳突，两面光滑，叶脉1～3条，在下面明显，叶柄长1～2毫米，基生叶大，在花期枯萎，宿存，宽卵形，卵形或狭椭圆形，长17～20毫米，宽4～6毫米，茎生叶小，短于或长于节间，披针形或卵状椭圆形至狭椭圆形，长5～9毫米，宽2～3毫米。花多数，单生于小枝顶端；花梗紫红色，密被紫红色乳突，长4～8毫米，藏于最上部叶中；花萼筒状漏斗形，长仅及花冠之半，长8～10毫米，裂片狭三角形，长3～3.5毫米，先端急尖，边缘平滑，中脉紫红色，在背面呈龙骨状突起，并向萼筒下延成翅，密被紫红色乳突；花冠上部紫红色或紫色，下部黄白色，喉部具黑紫色细而短的条纹，高脚杯状，长1.7～2.2厘米，裂片卵形，长4～5毫米，先端钝，褶宽卵形，长2

~3 毫米，先端 2 浅裂或全缘；雄蕊着生于冠筒中部，整齐，花丝丝状，长4 ~ 5毫米，花药狭矩圆形，长 1. 5 ~ 2 毫米；子房椭圆形，长 4 ~ 5 毫米，先端钝，基部渐狭，柄长 3 ~ 4 毫米，花柱线形，连柱头长 2 ~ 4 毫米，柱头 2 裂，裂片外卷，线形。蒴果外露，稀内藏，狭椭圆状匙形，长 6 ~ 8 毫米，先端渐狭或钝，边缘具由上至下渐狭的翅，基部渐狭成柄，柄细，长至 2. 5 毫米；种子淡褐色，狭椭圆形或椭圆形，长 1 ~ 1. 2 毫米，表面具致密的细网纹。花果期 4—9 月。

[分布环境]分布于迪庆德钦甲午雪山海拔 3900 ~ 4260 米的高山灌丛湿地旁。四川西部、甘肃南部也有分布。

25. 三歧龙胆

[科属]龙胆科，龙胆属

[形态]多年生草本，株高 15 ~ 35 厘米，基部被黑褐色枯老膜质叶鞘包围。根茎长或短缩，平卧或斜伸，具多数略肉质的须根。枝 2 ~ 7 个丛生，其中有 1 ~ 5 营养枝茎和 1 ~ 2 个花枝；花枝直立，黄绿色或紫红色，中空，近圆形，光滑。叶大部分基生，狭椭圆形、线状披针形至倒披针形，长2 ~ 8厘米，宽 0. 3 ~ 1. 3 厘米，先端钝，基部渐狭，叶脉 3 条，在两面均明显，并在下面稍突起，叶柄膜质，长 1. 5 ~ 5 厘米；茎生叶 3 ~ 5 对，椭圆形、狭椭圆形至披针形，长 2 ~ 4. 7 厘米，宽 0. 2 ~ 1 厘米，先端钝，基部渐狭，叶脉 1 ~ 3 条，在两面均明显，并在下面稍突起，叶柄长至 2. 5 厘米，愈向茎上部叶愈小，柄愈短。花 3 ~ 8 朵，顶生和腋生，作三歧分枝，组成圆锥状聚伞花序；花梗不等长，长 0. 5 ~ 5 厘米；花萼倒锥形，长 1. 5 ~ 2厘米，萼筒不开裂，裂片直立或稍开展，不整齐，叶状，披针形或狭椭圆形，长 2 ~ 6 毫米，先端钝，脉不明显，弯缺宽，截形；花冠蓝色，或有时下部黄白色，具深蓝色细的、或长或短的条纹，狭漏斗形或漏斗形，长 4 ~ 5 厘米，裂片卵形，长 3 ~ 4. 5 毫米，先端钝，全缘，褶偏斜，截形，边缘有不明显波状齿；雄蕊着生于冠筒中部，花丝线状钻形，长 13 ~ 15毫米，花药狭矩圆形，长 3 ~ 4 毫米；子房线形或线状披针形，长 1. 7 ~ 2 厘米，两端渐狭，柄长 1. 5 ~ 2 厘米；花柱明显，连柱头长 2 ~ 2. 5 毫米，柱头 2 裂，裂片外卷，半圆形。蒴果内藏或仅先端外露，狭椭圆形，长2 ~ 2. 5厘米，先端渐尖，基部钝，柄长 2. 1 ~ 2. 7 厘米；种子褐色，有光

泽，矩圆形，长 2 ~ 2.5 毫米，表面具海绵状网隙。花果期 7—9 月。

[分布环境]分布于迪庆香格里拉、维西、德钦三市（县）海拔 3800 ~ 4800 米的林下、灌丛、高山草甸。西藏东南部、四川西部也有分布。

26. 尖叶龙胆

[科属]龙胆科，龙胆属。

[形态]一年生草本，株高 3 ~ 10 厘米。茎黄绿色，光滑，在基部多分枝，枝铺散，斜上升。基生叶大，在花期枯萎，宿存，卵形或卵状椭圆形，长 7 ~ 9 毫米，宽 3 ~ 4.5 毫米，先端钝或急尖，具小尖头，边缘软骨质，狭窄，具细乳突或光滑，两面光滑，中脉软骨质，在下面突起，叶柄膜质，光滑，连合成长 0.5 毫米的筒；茎生叶对折，疏离，短于或等于节间，线状披针形，长 5 ~ 10 毫米，宽 1.5 ~ 2 毫米，愈向茎上部叶愈长，先端渐尖，具小尖头，边缘膜质，光滑，两面光滑，中脉在下面呈脊状突起，叶柄膜质，光滑，连合成长 1 ~ 2.5 毫米的筒。花多数，单生于小枝顶端；花梗黄绿色，光滑，长 5 ~ 20 毫米，裸露；花萼漏斗形，长 7 ~ 10 毫米，光滑，裂片线状披针形，长 3 ~ 4 毫米，先端渐尖，具小尖头，边缘膜质，狭窄，光滑，中脉绿色，草质，在背面呈脊状突起，并向萼筒下延，弯缺宽，截形或圆形；花冠下部黄绿色，上部蓝色、深蓝色或紫红色，喉部具蓝灰色宽条纹，倒锥形，长 12 ~ 15 毫米，裂片卵形或卵状椭圆形，长 3 ~ 4 毫米，先端钝，褶宽矩圆形，长 1.5 ~ 2 毫米，先端截形，不整齐短条裂状；雄蕊着生于冠筒中部，整齐，花丝丝状钻形，长 3 ~ 4 毫米，先端弯垂，花药弯拱，矩圆形至肾形，长 0.7 ~ 1 毫米；子房椭圆形，长 2 ~ 3 毫米，两端渐狭，柄粗，长 1.5 ~ 2 毫米，花柱线形，连柱头长 1.5 ~ 2 毫米，柱头狭矩圆形。蒴果外露，稀内藏，矩圆形或倒卵状矩圆形，长 5 ~ 6 毫米，先端钝圆，有宽翅，两侧边缘有狭翅，基部渐狭成柄，柄粗壮，长至 20 毫米；种子黄褐色，矩圆形或椭圆形，长 1 ~ 1.2 毫米，表面具致密的细网纹。花果期 6—9 月。

[分布环境]分布于迪庆香格里拉、维西、德钦三市（县）海拔 2500 ~ 4800 米的河滩草地、河滩灌丛、沼泽草地、草滩、高山草甸、灌丛草甸、草甸草原、林间草丛、阳坡砾石地、山谷及山顶。西藏、青海、甘肃、四川也有分布。

27. **川西獐牙菜**

[科属]龙胆科，獐牙菜属。

[形态]一年生草本，株高 20 ~ 45 厘米。根单一或分枝，草质，黄色或棕黄色。茎直立，近四棱形，分枝繁多，淡绿色或淡黄色。叶对生，披针形至线形，茎下部着生者稍大，向上渐小，长 4 ~ 25 毫米，宽 2 ~ 6 毫米，顶端钝尖，基部渐狭，全缘，上面绿色，下面淡绿色，光滑无毛；叶脉三出，明显；无柄。聚伞花序顶生或腋生，排列成圆锥状；花梗细弱，长15 ~ 35毫米；花萼绿色；4 深裂至基部，裂片线状披针形，长 3 ~ 7 毫米，顶端急尖，全缘，背面中脉明显；花冠紫色，4 深裂至基部，裂片倒卵状长圆形、倒卵状披针形，顶端急尖，下部有 2 个长圆柱状腺窝，长为花冠裂片的 1/3；雄蕊 4，着生于花冠裂片基部，且与之互生，花丝短，约为裂片长的 2/3，花药黄色，椭圆形；子房无柄，长椭圆形，与雄蕊近等长，花柱不明显，柱头两裂。蒴果长椭圆形，长 6 ~ 15 毫米，成熟时顶裂，无柄；种子多数，细小，黄褐色，卵圆形。

[分布环境]分布于迪庆香格里拉、维西、德钦三市（县）海拔3800 ~ 4400米的冷杉林、杜鹃灌丛边的湿润草甸。西藏东南部、四川西部也有分布。

28. **大钟花**

[科属]龙胆科，大钟花属。

[形态]多年生草本，株高 30 ~ 100 厘米，全株光滑。茎直立，粗壮，基部直径 1 ~ 1.5 厘米，黄绿色，中空，近圆形，具细棱形，不分枝。基部 2 ~ 4对小叶，膜质，黄白色，卵形，长 2 ~ 4.5 厘米，宽 1 ~ 2 厘米；中、上部叶大，草质，绿色，先端钝，基部钝或圆形，半抱茎，叶脉 7 ~ 9 条，弧形，细而明显，并在下面突起；中部叶卵状椭圆形至椭圆形，长7 ~ 22 厘米，宽 3 ~ 7 厘米，上部叶卵状披针形，长 5 ~ 10 厘米，宽 1.2 ~ 3 厘米。花 2 ~ 8 朵，顶生及叶腋生，组成假总状聚伞花序；花梗黄绿色，微弯垂，长 3 ~ 6 厘米，果时伸长，具 2 个苞片；花萼钟形，长 2.7 ~ 3.2 厘米，萼筒短，宽漏斗形，长 6 ~ 8 毫米，裂片整齐，卵状披针形，先端渐尖，脉 3 ~ 5条，在背面细而明显；花冠黄绿色，有绿色和褐色网脉，钟形，长 5 ~ 7厘米，宽 4 ~ 5 厘米，冠筒长 8 ~ 10 毫米，裂片矩圆状匙形，先端圆

形，全缘；雄蕊着生于冠筒中上部，与裂片互生，整齐，花丝白色，扁平；长 12 ~ 14 毫米，花药椭圆形，长 10 ~ 12 毫米；子房无柄，圆锥形，长 12 ~ 14 毫米，先端渐狭，花柱粗壮，长 15 ~ 18 毫米，柱头不膨大，裂片椭圆形。蒴果椭圆状披针形，长 5 ~ 6 厘米；种子黄褐色，矩圆形，长 2.2 ~ 2.5 毫米，表面具纵的脊状突起。花果期 6—9 月。

[分布环境]分布于迪庆香格里拉、维西、德钦三市（县）海拔 3800 ~ 4400米的冷杉林、杜鹃灌丛边的湿润草甸。西藏东南部、四川西部也有分布。

29. 管花秦艽

[科属]龙胆科，龙胆属。

[形态]多年生草本，株高 10 ~ 25 厘米，全株光滑无毛，基部被枯存的纤维状叶鞘包裹。须根数条，向左扭结成一个较粗的圆柱形的根。枝少数丛生，直立，下部黄绿色，上部紫红色，近圆形。莲座丛叶线形，稀宽线形，长 4 ~ 14 厘米，宽 0.7 ~ 2.5 厘米，先端渐尖，基部渐狭，边缘粗糙，叶脉 3 ~ 5 条，在两面均明显，并在下面突起，叶柄长 3 ~ 6 厘米，包被于枯存的纤维状叶鞘中；茎生叶与莲座丛叶相似而略小，长 3 ~ 8 厘米，宽 0.3 ~ 0.9 厘米，无叶柄至叶柄长达 2 厘米。花多数，无花梗，簇生枝顶及上部叶腋中呈头状；花萼小，长为花冠的 1/4 ~ 1/5，萼筒常带紫红色，长 4 ~ 6 毫米，一侧开裂或不裂，先端截形，萼齿不整齐，丝状或钻形，长 1 ~ 3.5毫米；花冠深蓝色，筒状钟形，长 2.3 ~ 2.6 厘米，裂片矩圆形，长 3.5 ~ 4 毫米，先端钝圆，全缘，褶整齐或偏斜，狭三角形，长 2.5 ~ 3 毫米，先端急尖，全缘或 2 裂；雄蕊着生于冠筒下部，整齐，花丝线状钻形，长 11 ~ 14 毫米，花药矩圆形，长 1.5 ~ 2.5 毫米；子房线形，长 12 ~ 14 毫米，两端渐狭，柄长 5 ~ 6 毫米，花柱短，连柱头长 2 ~ 3 毫米，柱头 2 裂，裂片矩圆形。蒴果椭圆状披针形，长 14 ~ 17 毫米，柄长 6 ~ 7 毫米；种子褐色，矩圆形或狭矩圆形，长 1.1 ~ 1.5 毫米，表面具细网纹。花果期 7—9 月。

[分布环境]分布于迪庆香格里拉、维西、德钦三市（县）海拔 3200 ~ 4200米的灌丛林缘、山坡草地。西藏东南部、四川西部也有分布。

30. **深紫獐牙菜**

[科属]龙胆科，獐牙菜属。

[形态]多年生草本，株高20～25厘米，具短根茎。茎黄绿色或带紫色，中空，近圆形，具细条棱，基部直径1.5～2毫米，被褐色枯老叶柄。叶大部分基生，常对折，具长柄，叶片披针形或狭矩圆形，长4～10厘米，宽0.8～1.5厘米，先端钝，基部渐狭成柄，并向叶柄下延成狭翅，叶脉3～7条，在两面均细而明显，并在下面稍突起，在顶端联结，叶柄扁平，长1.5～5.5厘米；茎生叶全部互生，无柄，半抱茎，卵状披针形或三角状披针形，长1.5～2.5厘米，宽0.6～1厘米。简单或复聚伞花序长6～20厘米，具4至多花；花梗黄绿色或带紫色，长1.2～3厘米；花5数，直径1.5～2厘米；花萼绿色，有时带紫色，与花冠近等长，裂片苞叶状，稍不整齐，卵状披针形，长11～16毫米，宽4～7毫米，先端渐尖，基部近心形；花冠深蓝色或蓝紫色，裂片卵状披针形，长13～18毫米，宽5～6毫米，先端急尖，基部具2个腺窝，腺窝基部囊状，上缘具长2.5～3毫米的柔毛状流苏；花丝线形，长7～8毫米，基部背面具流苏状短毛，花药淡蓝色，矩圆形，长2～2.5毫米，子房无柄，狭卵形，长8～10毫米，花柱不明显，柱头小，2裂，裂片半圆形；种子（不成熟）膨胀，仅两端及棱上有不整齐的狭翅。花期8月。

[分布环境]分布于迪庆香格里拉、德钦海拔4000～4600米的高山草甸、灌丛林缘。云南大理、怒江也有分布。

31. **丽江獐牙菜**

[科属]龙胆科，獐牙菜属。

[形态]一年生草本，株高10～40厘米。茎直立，具狭翅，下部常带紫色，从基部起作帚状分枝。基生叶花期枯萎，具短柄，叶片匙形或矩圆状匙形，连柄长15～30毫米，宽6～7毫米，先端钝；茎生叶狭椭圆形至线形，长13～35毫米，宽1.5～6.5毫米，愈向茎上部叶愈小，先端急尖，基部渐狭成短柄，具1～3脉。花5数，直径达3厘米，单生枝顶；花梗粗，直立，长1.5～4厘米，果时略伸长；花萼绿色，脉纹紫色，包被花冠，裂片不等大，外面3枚大，卵形，长9～25毫米，宽6～12毫米，基部宽心形，内面2枚小，卵状披针形，长7～16毫米，宽3～4毫米，全部

裂片先端急尖，背面具突起的网脉；花冠蓝紫色，裂片卵形或卵状矩圆形，长9～16毫米，宽3～5毫米，先端钝，基部具2个腺窝，腺窝矩圆形，沟状，基部有浅囊，边缘有密的绒毛状流苏；花丝线形，长约6毫米，花药矩圆形，长约2毫米；子房椭圆形，长5～7毫米，花柱短而明显，柱头2裂，裂片半圆形。花期8—10月。

[分布环境]分布于迪庆香格里拉、维西、德钦三市（县），金沙江、澜沧江沿岸地区海拔1750～2400米的山坡路旁。云南丽江、大理，四川西北部也有分布。

32. 西南獐牙菜

[科属]龙胆科，獐牙菜属。

[形态]一年生草本，株高30～150厘米。茎直立，中空，圆形，中上部有分枝，基部直径3～5毫米。基生叶在花期凋谢；茎生叶具极短的柄，叶片披针形或椭圆状披针形，长2.5～7.5厘米，宽0.5～2厘米，先端渐狭，基部楔形，具明显的3脉，脉上和叶的边缘具短柔毛，其余光滑，叶柄具短毛。圆锥状复聚伞花序长达57厘米，多花，下部的花序分枝长达30厘米；花梗具条棱，棱上有短毛，长3～18毫米，果时略伸长；花5数，下垂；花萼稍长于花冠，裂片略不等大，卵状披针形，长9～15毫米，宽3～6毫米，先端渐尖，具短尾尖，边缘具长睫毛，背面具1～3脉；花冠黄绿色，基部环绕着一圈紫晕，裂片卵状披针形，长7～14毫米，先端渐尖呈尾状，边缘具短睫毛，基部具1个马蹄形裸露腺窝，腺窝之上具2个黑紫色斑点；花丝长5～7毫米，越向下部逐渐加宽，至基部极度扩大并连合成短筒包围子房，外部具乳突状短毛，花药狭椭圆形，长约2.5毫米；子房卵状披针形，长7～10毫米，花柱长，柱头2裂，裂片长圆形。蒴果卵状披针形，长1.2～2.3厘米；种子矩圆形，黄色，长0.9～1.1毫米，表面具细网状突起。花果期8—11月。

[分布环境]分布于迪庆香格里拉、维西、德钦三市（县）海拔2800～4300米的沟谷河滩草地、灌丛山坡草地。西藏、青海、四川、甘肃均有分布。

33. 圆腺獐牙菜

[科属]龙胆科，獐牙菜属。

[形态]多年生草本，株高 12 ~ 18 厘米。茎直立或斜升，黄绿色，中空，近圆形，具细条棱，不分枝，基部直径 2 ~ 3 毫米。基生叶大，卵形，长3 ~ 3. 5厘米，宽 1. 7 ~ 2. 5 厘米，先端钝，基部钝，仅向叶柄作短的下延，叶柄扁平，长 2 ~ 2. 5 厘米；茎中下部叶无柄或有短柄，与基生叶相似而略小，长 2 ~ 3 厘米，宽 0. 6 ~ 2. 3 厘米；茎上部叶无柄，苞叶状，椭圆形或狭矩圆形，长 1 ~ 1. 2 厘米，宽 0. 4 ~ 0. 5 厘米。总状聚伞花序，具 2 ~ 5 花，稀单花顶生；花梗斜伸，黄绿色，长 2 ~ 4 厘米；花萼长为花冠的一半，裂片披针形，长 6 ~ 8 毫米，先端渐尖，背面有 3 脉，细而明显；花冠黄绿色，具紫色斑点，裂片倒卵形，具宽爪，长 12 ~ 15 毫米，先端钝，下部具 2 个腺窝，腺窝盘状，圆形，常靠近，边缘具长 1 ~ 2 毫米的柔毛状流苏；花丝线形，长 5 ~ 6 毫米，基部具少数流苏状短毛，花药矩圆形，长 2 ~ 2. 5 毫米；子房无柄，椭圆形，长 6 ~ 7 毫米，花柱不明显，柱头小，2 裂，裂片半圆形。花期 5—6 月。

[分布环境]分布于迪庆香格里拉、维西、德钦三市（县）海拔 2800 ~ 4300米的沟谷河滩草地、灌丛山坡草地。西藏、青海、四川、甘肃均有分布。

34. 红直獐牙菜

[科属]龙胆科，獐牙菜属。

[形态]多年生草本，株高 20 ~ 50 厘米。茎直立，常带紫色，中空，近圆形，具明显的条棱，不分枝。基生叶在花期枯萎，凋落；茎生叶对生，多对，具柄，叶片矩圆形、卵状椭圆形至卵形，长 5 ~ 12. 5 厘米，宽 1 ~ 5. 5 厘米，先端钝，稀渐尖，基部渐狭成柄，叶脉3 ~ 5条，在两面均明显，并在下面突起，叶柄扁平，长 2 ~ 7 厘米，下部连合成筒状抱茎，愈向茎上部叶愈小，至最上部叶无柄，苞叶状。圆锥状复聚伞花序，狭窄，长 5 ~ 45 厘米，具多数花；花梗常弯垂，不等长，长 1 ~ 2 厘米；花 5 数，直径 1. 2 ~ 2 厘米；花萼长为花冠的 1/2 ~ 2/3，裂片狭披针形，长 5 ~ 10 毫米，先端长渐尖，具狭窄的膜质边缘；花冠绿色或黄绿色，具红褐色斑点，裂片矩圆形或卵状矩圆形，长 8 ~ 17 毫米，宽 1. 5 ~ 6 毫米，先端钝，基部具 1 个腺窝，腺窝褐色，圆形，边缘具长 1. 5 ~ 2 毫米的柔毛状流苏；花丝扁平，线状锥形，长 5 ~ 7 毫米，基部背面具流苏状柔毛，花药矩圆

形，长 2 ~ 2.5 毫米；子房无柄，椭圆形，长 5 ~ 7 毫米，花柱短而明显，圆柱状，长 0.8 ~ 1 毫米，柱头小，2 裂，裂片近圆形。蒴果无柄，卵状椭圆形，长 1 ~ 1.5 厘米；种子多数，黄褐色，矩圆形，长 0.8 ~ 1 毫米，周缘具宽翅。花果期 8—10 月。

[分布环境]分布于迪庆香格里拉、维西、德钦三市（县）海拔 2800 ~ 4300 米的沟谷河滩草地、灌丛山坡草地。西藏、青海、四川、甘肃均有分布。

35. 心叶獐牙菜

[科属]龙胆科，獐牙菜属。

[形态]一年生草本，株高 30 ~ 60 厘米。根黄褐色。茎直立，四棱形，棱上有窄翅，下部常带紫色，从下部或中部起有分枝，基部直径 1.5 ~ 2 毫米。基生叶在花期枯萎；茎生叶无柄，卵状心形，长 8 ~ 23 毫米，宽 5 ~ 12 毫米，先端急尖，边缘粗糙，基部心形，半抱茎，具 3 ~ 5 脉，在背面明显突起。圆锥状复聚伞花序紧缩，长 13 ~ 40 厘米，多花；花梗细，长 3 ~ 10 毫米，具条棱；花 5 数，直径 1 ~ 1.5 厘米；花萼长为花冠的 1/2 ~ 2/3，裂片卵状披针形至披针形，略不等大，长 5.5 ~ 7 毫米，先端急尖，边缘常外翻，略粗糙，背面具 3 脉，中脉突起；花冠淡紫色，具深色脉纹，裂片窄椭圆形或椭圆状披针形，长 8 ~ 9 毫米，先端急尖，基部有 1 个大的圆形或菱形的腺斑；花丝线形，长约 5 毫米，花药矩圆形，长约 1 毫米；子房卵状披针形，花柱短，圆柱形，柱头小，2 裂。花期 9—10 月。

[分布环境]分布于迪庆香格里拉、维西、德钦三市（县）海拔 2800 ~ 4300 米的沟谷河滩草地、灌丛山坡草地。西藏、青海、四川、甘肃均有分布。

36. 狭叶獐牙菜

[科属]龙胆科，獐牙菜属。

[形态]一年生草本，株高 20 ~ 50 厘米。茎直立，四棱形，棱上有狭翅，上部有分枝。叶无柄，叶片披针形或披针状椭圆形，长 2 ~ 6 厘米，宽 0.3 ~ 1.2 厘米，两端渐狭，具 1 ~ 3 脉，中脉在下面突起。圆锥状复聚伞花序开展，多花；花梗细，直立，长 3 ~ 7 毫米；花 4 数，直径 8 ~ 9 毫米；花萼绿色，长于花冠，裂片线状披针形，长 6 ~ 8 毫米，先端急尖或渐尖，

背面具突起的3脉；花冠白色或淡黄绿色，裂片卵形或椭圆形，长4～6.5毫米，先端钝圆，有小尖头，中上部具紫色斑点，基部具1个腺窝，腺窝圆形，深陷，上半部边缘具短流苏，基部具1个圆形的膜片，盖在腺窝上，膜片可以开合，上半部边缘有微齿；花丝线形，长3.5～4毫米；花药矩圆形，长约1毫米；子房无柄，狭卵形，长约5毫米，花柱短，明显，柱头2裂。蒴果宽卵形；种子褐色，矩圆形，长约0.5毫米。花果期8—9月。

[分布环境]分布于迪庆香格里拉、维西、德钦三市（县）海拔2300～3000米的沟谷河滩草地、灌丛山坡草地。西藏、四川也有分布。

37. **椭圆叶花锚**

[科属]龙胆科，叶花锚属。

[形态]一年生草本，株高15～60厘米。根具分枝，黄褐色。茎直立，无毛，四棱形，上部具分枝。基生叶椭圆形，有时略呈圆形，长2～3厘米，宽5～15毫米，先端圆形或急尖呈钝头，基部渐狭呈宽楔形，全缘，具宽扁的柄，柄长1～1.5厘米，叶脉3条；茎生叶卵形、椭圆形、长椭圆形或卵状披针形，长1.5～7厘米，宽0.5～3.5厘米，先端圆钝或急尖，基部圆形或宽楔形，全缘，叶脉5条，无柄或茎下部叶具极短而宽扁的柄，抱茎。聚伞花序腋生和顶生；花梗长短不相等，长0.5～3.5厘米；花4数，直径1～1.5厘米；花萼裂片椭圆形或卵形，长3～6毫米，宽2～3毫米，先端通常渐尖，常具小尖头，具3脉；花冠蓝色或紫色，花冠筒长约2毫米，裂片卵圆形或椭圆形，长约6毫米，宽4～5毫米，先端具小尖头，距长5～6毫米，向外水平开展；雄蕊内藏，花丝长3～5毫米，花药卵圆形，长约1毫米；子房卵形，长约5毫米，花柱极短，长约1毫米，柱头2裂。蒴果宽卵形，长约10毫米，直径3～4毫米，上部渐狭，淡褐色；种子褐色，椭圆形或近圆形，长约2毫米，宽约1毫米。花果期7—9月。

[分布环境]分布于迪庆香格里拉、维西、德钦三市（县）海拔2600～4600米的河滩、山坡草地、高山草甸、草原湿地、灌丛及林缘。西藏、青海、甘肃、四川也有广泛分布。

38. **大花肋柱花**

[科属]龙胆科，肋柱花属。

[形态]一年生草本，株高7~35厘米。茎常带紫红色，分枝少而稀疏，斜升，近四棱形，节间长于叶。叶无柄，卵状三角形、卵状披针形或披针形，长7~27毫米，宽2~12毫米，茎上部及小枝的叶较小，先端急尖或钝，基部钝，叶脉不明显或仅中脉在下面明显。花5数，生于分枝顶端，常不等大，直径一般2~2.5厘米；花梗细瘦，弯垂或斜升，近四棱形，常带紫色，不等长，长至9厘米；花萼长为花冠的1/2~2/3，裂片狭披针形至线形，稍不整齐，长7~11毫米，先端急尖，边缘微粗糙，背面中脉明显；花冠蓝紫色，具深色纵脉纹，裂片矩圆形或矩圆状倒卵形，长13~20毫米，先端急尖或钝，具小尖头，基部两侧各具1个腺窝，腺窝管形，基部稍合生，边缘具长约3毫米的裂片状流苏；花丝线形，长8~11毫米，仅下部稍增宽，花药蓝色，狭矩圆形，长3~3.2毫米；子房无柄，长至16毫米，柱头小，下延至子房下部。蒴果无柄，狭矩圆形或狭矩圆状披针形，长17~21毫米；种子深褐色，矩圆形，长0.7~0.9毫米，表面微粗糙，稍有光泽。花果期8—10月。

[分布环境]分布于迪庆德钦、香格里拉海拔3300~4500米的山坡谷地、草甸。西藏东南部、川西高原也有分布。

39. 云南肋柱花

[科属]龙胆科，肋柱花属。

[形态]基生叶花期枯落；茎生叶无柄，狭椭圆形至线形，长7~30毫米，宽2~5毫米，先端急尖，基部略狭，下面中脉明显。圆锥状复聚伞花序多花，开展；花梗细，丝状，长0.5~3.5厘米；花5数；花萼长为花冠的1/2~2/3，裂片线状披针形至线形，长4~8毫米，宽1~1.5毫米，先端渐尖，背面仅中脉明显；花冠淡蓝色，裂片椭圆形，长7~15毫米，宽3.5~7毫米，先端渐尖，基部两侧各具1个腺窝，腺窝管形，上部边缘具长2~3毫米的裂片状流苏；花丝线形，长6~7毫米，花药蓝色，矩圆形，长3~4毫米；子房长5~11毫米，柱头下延至子房上部。蒴果矩圆形，与花冠等长；种子球形，直径0.5毫米。花果期8—10月。

[分布环境]分布于迪庆香格里拉、维西、德钦三市（县）海拔2800~3700米的多石山坡、草滩。西藏东南部、四川西部也有分布。

40. **楔叶侧蕊**

[科属]龙胆科，楔叶属。

[形态]多年生草本，株高60～150毫米，中部以上有分枝。基生叶较近圆形，端圆；茎生叶对生，长圆形，长10～12毫米，宽5～7毫米，有柄约3～6毫米。聚伞花序，花顶生，花梗带紫色，长约10毫米，花黄绿色，偶有白绿色，条形；花冠裂片5，卵形；长10毫米，基部有流苏，裂片背面带紫色；雄蕊长约7毫米，花药较粗，长3.5毫米，白而微蓝；子房剑形，长约9毫米，棕黄色。花期8—9月，果期9—10月。

[分布环境]分布于迪庆香格里拉、维西海拔3400～3900米的石灰岩，灌丛、草坡、河滩。

41. **美丽肋柱花**

[科属]龙胆科，肋柱花属。

[形态]一年生草本，株高7～40厘米，全株光滑。茎直立，基部单一，上部有分枝或从基部起分枝，斜升，近四棱形，有时带紫色。叶无柄，茎中下部叶卵形或近心状卵形，长16～28毫米，宽5～11毫米；上部叶卵状披针形，长13～20毫米，宽2.5～4.5毫米，全部叶先端急尖或钝，基部圆形或钝，稀近心形，半抱茎，仅中脉在两面明显。圆锥状复聚伞花序；花梗直立或斜升，不等长，近四棱形，长至13厘米；花5数，直径1.5～2.5厘米，花萼长为花冠的2/3或等长，裂片与茎上部叶相似，卵状披针形或披针形，长7～17毫米，宽2～4.5毫米，先端急尖或钝，背面中脉明显；花冠蓝色，具深蓝色条纹，裂片狭卵状矩圆形、狭椭圆形至倒卵状矩圆形，长13～20毫米，先端钝，具小尖头，基部两侧各具1个腺窝，腺窝基部管形，上部具不整齐的裂片状流苏；花丝线形，长8～11毫米，花药蓝色，线状矩圆形，长约4毫米；子房无柄，长10～15毫米，柱头小，三角形，2裂，沿心皮的缝线下延至子房下部。蒴果无柄，狭倒卵状矩圆形，长18～22毫米；种子褐色，矩圆形，长0.6～0.8毫米，表面微粗糙。花果期8—10月。

[分布环境]分布于迪庆维西、香格里拉海拔2200～2400米的山坡。

42. **湿生萹蕾**

[科属]龙胆科，萹蕾属。

[形态]一年生草本，株高3.5~40厘米。茎单生，直立或斜升，近圆形，在基部分枝或不分枝。基生叶3~5对，匙形，长0.4~3厘米，宽2~9毫米，先端圆形，边缘具乳突，微粗糙，基部狭缩成柄，叶脉1~3条，不甚明显，叶柄扁平，长达6毫米；茎生叶1~4对，无柄，矩圆形或椭圆状披针形，长0.5~5.5厘米，宽2~14毫米，先端钝，边缘具乳突，微粗糙，基部钝，离生。花单生茎及分枝顶端；花梗直立，长1.5~20厘米，果期略伸长；花萼筒形，长为花冠之半，长1~3.5厘米，裂片近等长，外对狭三角形，长5~12毫米，内对卵形，长4~10毫米，全部裂片先端急尖，有白色膜质边缘，背面中脉明显，并向萼筒下延成翅；花冠蓝色，或下部黄白色，上部蓝色，宽筒形，长1.6~6.5厘米，裂片宽矩圆形，长1.2~1.7厘米，先端圆形，有微齿，下部两侧边缘有细条裂齿；腺体近球形，下垂；花丝线形，长1~1.5厘米，花药黄色，矩圆形，长2~3毫米；子房具柄，线状椭圆形，长2~3.5厘米，花柱长3~4毫米。蒴果具长柄，椭圆形，与花冠等长或超出；种子黑褐色，矩圆形至近圆形，直径0.8~1毫米。花果期7—10月。

[分布环境]迪庆香格里拉、维西、德钦三市（县）海拔2800~4200米的林下、河滩湿地、灌丛林缘均有分布。西藏、青海、甘肃、四川也有分布。

43. 大花蒿蕾

[科属]龙胆科，蒿蕾属。

[形态]一年生或二年生草本，株高25~50厘米。茎单生，粗壮，直径达5毫米，多分枝，具明显的条棱。茎基部叶密集，具短柄，叶片匙形或椭圆形，长0.5~1.5厘米，宽0.5~0.8厘米，先端钝，基部渐狭，仅中脉在下面明显；茎生叶3~6对，无柄，狭披针形至线状披针形，长4~8厘米，宽0.3~0.6厘米，先端急尖或渐尖，边缘平滑常外卷，基部离生，中脉在下面明显。花单生茎或分枝顶端；花梗直立，具明显的条棱，长5~16厘米；花特大，长5~10厘米，口部宽10~17毫米；花萼漏斗形，稍短于花冠，长3.5~7厘米，萼片2对，不等长，外对线状披针形，长2.5~5厘米，先端尾尖，内对三角状披针形，长1.5~2.5厘米，先端急尖，较短，具宽膜质边缘；花冠漏斗形，裂片椭圆形，长2~3厘米，宽

1～1.5厘米，先端钝，边缘有不整齐的波状齿，下部两侧具长的细条裂齿；腺体近球形，下垂；花丝线形，长17～21毫米，花药黄色，狭矩圆形，长约3毫米；子房披针状椭圆形，长3.5～4厘米，子房柄长8～11毫米，花柱线形，长3～5毫米。蒴果具柄，与花冠近等长；种子矩圆形，长约1毫米，褐色。花果期7—10月。

[分布环境]迪庆香格里拉、维西、德钦三市（县）海拔2800～3900米的山坡草地有分布。四川也有分布。

小檗科

1. 桃儿七（鬼臼）

[科属]小檗科，桃儿七属。

[形态]多年生草本，株高40～80厘米；根状茎粗壮，横走，通常有结节状；不定根多数，长达30厘米以上，直径2～3毫米，红褐色或淡褐色；茎直立，基部具抱茎的鳞片，上部有2～3叶。叶具长达30厘米的柄；叶片轮廓心脏形，长13～20厘米，宽16～30厘米，3或5深裂几达基部，顶生裂片3浅裂，侧生裂片2中裂，小裂片先端渐尖，边缘具尖锯齿，下面被柔毛。花两性，6基数，单生茎端，先叶开放；萼片早落；花瓣粉红色，倒卵状长圆形，外轮大，内轮较小；雄蕊长约9毫米，花药线形，长约4毫米，具四合花粉；子房1室，生多数胚珠。浆果卵圆形，熟时红色，长5.5～6.5厘米，直径约3.5厘米；种子多数。

[分布环境]分布于迪庆香格里拉、德钦、维西三市（县）海拔3000～3500米的山坡林下阴湿之地。西藏东南部、青海东南部、甘肃南部、四川西部均有分布。

2. 川滇小檗

[科属]小檗科，小檗属。

[形态]落叶灌木，株高1～3米。枝圆柱形，老枝暗灰色或紫黑色，幼枝紫色，无疣点；茎刺单生或三分叉，粗状，长1.5～3.5厘米，腹面具浅槽。叶近革质，椭圆形或长圆状倒卵形，长2.5～8厘米，宽1～4厘米，先端圆形或微凹，基部楔形，上面亮绿色，中脉微凹陷，背面灰绿色，中脉明显隆起，两面侧脉和网脉显著，无乳突，叶缘平展，全缘，或具疏细

刺齿或具密细刺齿；叶柄长 1 ~3 毫米。总状花序通常由 9 ~20 朵花组成，有时可达40 朵，长 7 ~10 厘米，花序下部花常轮列，光滑无毛；总梗长 0.5 ~3 厘米；花梗细弱，长 7 ~10 毫米，无毛；花黄色；小苞片卵形，长 2 ~2.5 毫米，宽约 1.5 毫米，先端急尖；萼片 2 轮，外萼片长圆状倒卵形，长约3 毫米，宽约2 毫米，内萼片狭倒卵形，长约4.5 毫米，宽约2.5 毫米；花瓣倒卵形或狭长圆状椭圆形，长约 4.5 毫米，宽约 2 毫米，先端缺裂，裂片急尖，基部缢缩呈爪，具 2 枚分离腺体；雄蕊长约 3 毫米，药隔延伸，先端微突尖；胚珠 2 枚。浆果初时乳白色，后变为亮红色，近卵球形，长约 10 毫米，直径 7 ~8 毫米，顶端无宿存花柱，外果皮透明，不被白粉。花期 4—5 月，果期 6—9 月。

[分布环境]分布于迪庆香格里拉、维西、德钦三市（县）海拔 2600 ~3500米的山坡、林缘。四川西部、西藏东南部也有分布。

三、园林观赏花卉

园林观赏花卉是具有一定观赏价值，适用于园林装饰、美化环境、改善环境并丰富人们生活的花卉。园林观赏花卉分为观花类、观叶类、观果类、盆景、吊挂类。作为园林观赏花卉的品种一般具有花型奇特、形态微妙、色彩艳丽、气味芬芳等特征，广被人们喜爱。

“没有云南的花，不成其为花园。”这是西欧各国的谚语。云南一年四季都有鲜花。在国外，约在19世纪末叶起就陆续把云南的杜鹃、报春、茶花等引种到欧洲栽培。特别是英国的傅礼士，在云南工作28年后，先后收集了千数百种花卉，引归英国种植，尤其是爱丁堡皇家植物园和邱园皇家植物园栽培有云南杜鹃一二百种。今日英伦各地庭院，吸引了世界各地千千万万旅游者去参观欣赏。

充分发掘云南蕴藏在山林间的野生观赏花卉，进行引种栽培，丰富云南园林和全国适宜种植地区的园林是十分有意义的事。云南观赏花卉资源异常丰富，但分布零星，因此需要组织力量进行资源调查，并有计划、有步骤地进行引种栽培，把野生观赏花卉变为园林观赏花卉。

目前，园林观赏花卉作为新世纪的“朝阳产业”，是一项集经济、社会、生态效益于一体的绿色产业。

1. 龙女花

落叶小乔木。花期4—6月。生长在海拔2000～3300米之间。花硕大而艳丽，多供庭院种植观赏。

2. 甘川铁线莲

木质藤本。花期6—7月。多生长于海拔2700～4300米的河边、高原草地及灌木丛中。花形、花色美观，供棚架和其他需要攀援植物造景应用，具有较好的观赏价值。内蒙古、甘肃、青海、重庆、四川、云南、西

藏多有分布。

3. **岩白菜**

多年生草本，高 13 ~ 52 厘米。花期 5—6 月。多生长于海拔 3000 ~ 4000 米的杂木林内阴湿处、岩石草坡。可种植于庭院阴湿处，供观赏。四川、云南、西藏多有分布。

4. **白花球蕊五味子**

落叶木质藤本。花期 5—6 月。多生长于海拔 2700 ~ 3300 米的常绿阔叶林或高山针叶林中。花、果均很美丽，可作棚架观赏植物。云南西北部及楚雄的双柏县多有分布。

5. **鬼灯檠**

多年生草本，高 30 ~ 80 厘米。花期 5—6 月。多生长于海拔 1800 ~ 3000 米的山坡阴湿处。东亚及中国西南部至东北部均有分布。

6. **耳叶凤仙**

一年生草本，高 30 ~ 40 厘米。花期 7—9 月。多生长于海拔 2800 ~ 3600 米的林下、山麓溪边、山沟水边等。花大且开花时间长，花色美观，可供庭院阴湿地种植。云南、四川、西藏多有分布。

7. **滇蝇子草**

多年生草本，高 30 ~ 60 厘米。花期 6—9 月。多生长于海拔 2200 ~ 3900 米的林下、灌丛、草坡或田间。花形美观，可供花坛配植，石山、假山布景。云南鹤庆、丽江、中甸、德钦、洱源等地多有分布。

8. **柳兰**

多年生粗壮草本，高约 1 米。花期 5—9 月。多生长于海拔 1950 ~ 3970 米的山谷、沼泽或林间空地。花硕大而美艳，可供庭院观赏。多分布于黑龙江、吉林、内蒙古、河北、山西、宁夏、甘肃、青海、新疆、四川西部、云南西北部、西藏等地。

9. **维西溲疏**

灌木，高 1 ~ 2 米。花期在 5—6 月。多生长于海拔 1900 ~ 2000 米的山坡灌丛中。云南、四川、西藏多有分布。

10. **紫花溲疏**

落叶灌木，高 1 ~ 2 米。花期在 4—6 月。多生长于海拔 2800 ~ 3200 米

的山地杂木林或灌木林中。花茂密而繁盛，花色艳丽，可供园林观赏。云南、四川、西藏多有分布。

11. 丽江山荆子

落叶乔木，高8~10米。花期5—6月。多生长于海拔2400~3800米的山谷杂林中。花、叶同时开放，花色雪白，茂密而繁盛，果色红，可供庭院观赏。云南、四川、西藏均有分布。

12. 马蹄黄

多年生草本，高18~32厘米。花期7—8月。多生长于海拔2900~4200米的山坡。可供岩石园、假山、草地边造景用。云南、四川、西藏多有分布。

13. 伏毛金露梅

灌木，高0.5~2米。花期7—8月。多生长于海拔2600~4600米的山坡草地，灌丛、林中岩石上。云南、四川、西藏均有分布。

14. 粉花绣线梅

灌木，高1~2米。花期6—7月。多生长于海拔2500~3000米的草坡或溪边杂木林中。花枝多，花形奇特美丽，可供庭院观赏。云南、四川、西藏多有分布。

15. 云南双盾

落叶灌木，高3~4米。花期5—6月，果期6—11月。多生长于海拔1700~3400米的杂木林中。中国特有属，云南一种。花多而密集，较美观，供庭园单植或丛植。

16. 贴梗海棠

灌木，高1~3米。花期2—4月。可供观赏。果实可入药。陕西、甘肃、四川、贵州、云南、广东均有分布。

17. 光叶珙桐

落叶乔木，叶背面无毛，幼时沿脉有极稀疏的短毛或丝状长毛，老时仅脉腋具簇毛。多生长于海拔1800~3000米的山谷沟边杂木林中。云南、四川、湖北、贵州多有分布。

18. 白雪杜鹃

灌木，高0.6~3.5米。花期6—7月，果期10—11月。多生长于海拔

2700～4500 米的冷杉林下、高山杜鹃灌丛中、砾石坡上。白雪杜鹃是极优美的观赏种类。但需冷凉微阴湿的环境种植。

19. 宽钟杜鹃

常绿灌木或小乔木，高 2～9 米。花期 5—6 月。多生长于海拔 3200～4500 米的针阔混交林或针叶林下或高山杜鹃林中。花大且艳丽，可供庭院观赏。云南、四川、西藏多有分布。

20. 毛枝多变杜鹃

常绿灌木，高 1～3 米。花期 5—6 月。多生长于海拔 2500～4300 米的冷杉林下或杜鹃灌丛中。云南、四川、西藏多有分布。

21. 腺果杜鹃

灌木或小乔木，高 1.5～5 米。花期 4—6 月。多生长于海拔 1700～3000 米的常绿阔叶林或杂木林中。分布于云南和四川。

22. 乳黄杜鹃

常绿小乔木或灌木，高 2～8 米。花期 4—5 月。多生长于海拔 3000～4050 米的杜鹃冷杉林中。花形大且美丽，可供庭园观赏。多分布于云南西部。

23. 红棕杜鹃

常绿灌木或小乔木，高达约 10 米。花期 3—6 月。多生长于海拔 2500～4200米的冷杉林、杂木林或灌丛中。可供城市庭园种植观赏。云南、四川、西藏多有分布。

24. 刺萼参

多年生草本。花期 6—7 月。多生长于海拔 3200～4000 米的山坡草地。花形美观，可供观赏。云南，陕西、四川、青海、西藏多有分布。

25. 绵毛橐吾

多年生草本。花期在 6—8 月。多生长于海拔 2050～3700 米的高山草地或灌木丛中。云南、四川多有分布。

26. 柔毛龙胆

一年生草本，高 2.5～3.5 厘米。花期 5—6 月。多生长于海拔 2600～4200 米的山坡草地。可种植于林间草地或供观赏。云南、四川多有分布。

27. 大狼毒

多年生草本，高30～60厘米。花期4—6月。多生长于海拔1500～3400米的山坡草地。花形十分美丽。根可入药，有止血、消炎、祛风消肿之功效。多分布于云南。

28. 龙胆

多年生草本，高5～10厘米。花期9—10月。多生长于海拔1600～3800米之间。可供观赏。产于高黎贡山西坡。

29. 大理点地梅

多年生草本。花期6—7月。多生长于海拔3000～4500米的多砾石山坡或岩缝中。株型呈垫状，花多而美丽，可供观赏。

30. 硬枝点地梅

多年生草本。花期5—7月。多生长于海拔2800～3750米的高山干旱多石山坡。花繁茂且连成小片，花形美观，可供岩石园、假山布景。云南、四川多有分布。

31. 桔红报春

多年生草本。花期6—7月。多生长于海拔2600～3200米的高山草地潮湿处。花很美丽，适宜于庭园内潮湿地和沼泽地、小溪边种植。

32. 偏花报春

多年生草本。花期6—7月。多生长于海拔3200～4800米的水沟边、河滩地、高山沼泽和湿草地。花非常美丽，可在庭园低凹湿地、小溪边或水池边草地上种植。云南、四川、西藏、青海多有分布。

33. 紫花雪山报春

多年生草本。花期5—7月。多生长于海拔3000～4400米的高山草地、草甸、流石滩和杜鹃丛中，可供庭院栽培观赏。云南、四川、西藏多有分布。

34. 苣叶报春

多年生草本。花期3—5月。多生长于海拔3200～4200米的高山草地、林缘、冷杉林及杜鹃林下。可供观赏。云南、四川、西藏多有分布。

35. 茄参

多年生直立草本，高15～60厘米。花期5—8月。多生长于海拔

2200～4200米的山坡草地。花冠紫黑色或黄色，可供庭园观赏。根可入药。西藏、青海、云南、四川多有分布。

36. 密穗马先蒿

一年生草本，高15～40厘米。花期4月。多生长于海拔1880～4400米的荫坡林下或湿草地中。可供观赏，适用于花坛或草地种植。云南、四川、西藏多有分布。

37. 蒙氏马先蒿

多年生宿根草本，株高50～70厘米。花期6—8月。多生长于海拔2500～4200米的高山草甸。花形美观，花序大，可供观赏。云南、四川多有分布。

38. 岩居黄花马先蒿

多年生草本，高7～22厘米。花期7—8月。多生长于海拔3500～4100米的高山草甸或多石山坡。可供观赏。云南、四川多有分布。

39. 大花玄参

多年生草本，高可达45厘米。花期5—7月。多生长于海拔3100～3800米的山坡草地、灌丛、湿润岩隙。云南、四川多有分布。

40. 多小叶鸡肉参

多年生草本，无茎，高约30厘米。花期6—8月。多生长于海拔3000～4200米的地带石山草坡或云杉林边。花大且艳丽，可供庭院观赏，根可入药，有凉血生津、调活气血之功效。云南、四川多有分布。

41. 大花黄花鼠尾

多年生草本，高30～35厘米。花期6—9月。多生长于海拔2400～3900米的开旷山坡草地及林缘潮湿处。多分布于云南丽江、鹤庆、洱源等地。

42. 川贝母

多年生草本，茎高30～40厘米。花期5—7月。多生长于海拔3000～4400米的林下、灌丛和草甸中。可供观赏。多分布于云南、四川、西藏。

43. 矮狮花

直立草本，高7～50厘米。花期6—8月。多生长于海拔2100～3200米的松林、针阔混交林、杜鹃花林及林缘、荒坡草地上。花形美丽，可供庭园观赏。

44. **披针叶百合**

多年生草本，茎高 40 ~ 200 厘米。花期 7—8 月。多生长于海拔 2000 ~ 4000米的松林、杜鹃林、云杉林、石灰岩山灌丛。可供观赏。云南、四川多有分布。

45. **多斑豹子花**

多年生草本，高 30 ~ 80 厘米。花期 5—7 月。多生长于海拔 2800 ~ 3500 米的杂木林、冷杉林或草坡。云南、四川、西藏多有分布。

46. **大花黎芦**

多年生高大草本，株高 50 ~ 150 厘米。花期 5—7 月。多生长于海拔 2900 ~ 3700 米的冷杉林缘和草地。

47. **西南鸢尾**

多年生草本。花期 6—7 月。多生长于海拔 2300 ~ 4070 米的草坡及林下。适合于花坛、草地边、溪边或林间连片种植。云南、四川、西藏多有分布。

48. **金脉鸢尾**

多年生草本。花期 6—7 月。多生长于海拔 1200 ~ 4400 米的山坡草地或林缘。可供庭园或花坛草坪种植。云南、四川、贵州、西藏多有分布。

49. **绿花杓兰**

草本，植株高 30 ~ 60 厘米。花期 4—5 月。多生长于海拔 800 ~ 2800 米的疏林下或灌木林下湿润地。山西、甘肃、陕西、湖北、四川、贵州和云南多有分布。

50. **西藏杓兰**

多年生草本，高 30 ~ 50 厘米。花期 5—6 月。多生长于海拔 2900 ~ 3900 米的暗针叶林下或草地中。

51. **馨香木兰**

常绿小乔木，高 5 ~ 6 米。花期 3—4 月。多生长于海拔 1550 米的林中。花味馨香，花形美丽，极适于庭院观赏。分布于云南广南。

52. **红花木莲**

常绿乔木，高 25 ~ 30 米。花期 5—6 月。多生长于海拔 1200 ~ 2600 米

的亚热带山地常绿阔叶林中。花味芳香，花色艳丽，秋日果红，可供行道树及庭园观赏树种。湖南、贵州、广东、广西、云南、四川多有分布。

53. 中国鹅掌楸

落叶大乔木。花期在 5 月。多生长于海拔 1100～1700 米的常绿或落叶阔叶林中。生长于长江流域以南，东起浙江、西至云南。

54. 山玉兰

常绿乔木，高达 10～20 米。花期 4—6 月。多生长于海拔 1000～2200 米的阔叶林中。花形大，花味微香，花期长。云南、四川、贵州多有分布。

55. 小叶木莲

常绿乔木，高 10～15 米，胸径 30～40 厘米。花期 4—5 月，果期 10 月。多生长于海拔 1400～2000 米的常绿阔叶林中或箐沟边。是优美的风景树种，亦可作行道树。

56. 滇南木莲

常绿乔木，高 25 米，花期 4—5 月。多生长于海拔 1500～3000 米的常绿阔叶林中，花大且芳香。

57. 多花含笑

常绿乔木，高可达 20 米。花期 2—4 月。多生长于海拔 1300～2700 米的常绿阔叶林内。花大而美丽，有芳香，可提炼成芳香油。云南、四川、湖北多有分布。

58. 香籽含笑

常绿乔木，高可达 21 米。花期 3—4 月。多生长于海拔 1300～2000 米的山坡、沟谷常绿阔叶林中。花味芳香，可供庭园观赏。云南、广西、广东多有分布。

59. 毛果含笑

常绿乔木，高 8～16 米。花期 3 月。多生长于海拔 1100～2100 米的林中。花形大，花香宜人，红色下垂的果序极为美观。主要分布于云南的南涧、景东以及屏边地区。

60. 丝铁线莲

常绿木质藤本。花期 11—12 月。多生长于海拔 800～2400 米的山谷密林及灌丛中、溪边、潮湿地，攀援树上。花白色，有线状的退化雄蕊，外轮雄蕊长，花药椭圆形，顶端有长的药隔突起，易于区别。云南、福建、海南、广东、广西多有分布。

61. 野八角

小乔木，高可达 9 ~ 15 米。花期 2—5 月。多生长于海拔 1300 ~ 4000 米的水沟、溪谷、沿江两岸湿润处、丛林中。花有毒，含有芳香油，不能食用。可供庭园观赏。云南、四川、贵州多有分布。

62. 黄草乌

多年生攀援草本。花期 8—10 月。多生长于海拔 1900 ~ 2500 米的山地灌丛中。花形大且美丽，花色紫蓝，可供棚架和假山四周种植。云南、四川、贵州多有分布。

63. 鸭脚黄连

即裂叶星果草，常绿灌木，花期 2—4 月。多生长于海拔 1000 ~ 2700 米的山坡灌丛中。可供观赏。根、茎、叶可入药，有治肠炎、痢疾、肺痨、咳嗽之功效。

64. 白瑞香

常绿灌木，高 1 ~ 2 米。花期 12 月。多生长于海拔 700 ~ 2000 米的密林下。茎皮纤维可以造纸和制人造棉。云南亚热带大部分地区有分布。

65. 西南山茶

常绿灌木或小乔木，高 3 ~ 9 米。花期 1—2 月。多生长于海拔 1050 ~ 2100 米的阔叶林下的山沟、水旁、疏林下。冬春开花，花色深红美观，可供庭园观赏。云南、湖南、广西、贵州、四川多有分布。

66. 滇山茶

常绿灌木或乔木，高 3 ~ 15 米。花期 1—2 月。多生长于海拔 1500 ~ 2800 米的阔叶林或混交林中。花大而繁茂，花瓣重叠，花色红艳。云南名花，构成云南高原的独特景观。

67. 血红山茶

为云南山茶的栽培品种。可供观赏。

68. 黄药大头茶

常绿灌木或小乔木，高 3 ~ 8 米。花期 11—12 月。多生长于海拔

1100～2400米的阔叶林或常绿灌丛中。花多而繁茂，花色淡黄，花味淡香，枝叶茂密，冬季开花，可供庭园观赏。云南、四川、贵州多有分布。

69. 黄秋葵

一年生或多年生草本。花期6—7月。多生长于海拔300～2200米的山谷草丛间。花形大，单生于叶腋间，花色黄，内面基部紫色，可供观赏。河北、山东、江苏、浙江、湖南、湖北、云南、广东多有分布。

70. 贡山猴欢喜

常绿乔木，高15米。果期9—10月。多生长于海拔1400～2500米的溪边、河边及山坡密林中。

71. 云南樱花

落叶小乔木，高5～10米。花期2—3月。多生长于海拔1200～2000米的山坡、溪旁灌丛中。花色深粉红，重瓣或半重瓣，盛开时，花团锦簇，是极好的庭园观赏花卉。云南、西藏、福建多有分布。

72. 西南樱桃

乔木或灌木，高约4米。花期3月。花瓣白色，呈卵形。多生长于海拔2300米的山谷林中。产自云南昆明。

73. 冬樱花

落叶乔木，高3～10米。花期11—12月。多生长于海拔1300～2000米的山地疏林或杂木林中。花开后即发新叶，是极好的冬季观赏花卉。云南、西藏多有分布。

74. 湖北海棠

乔木，高可达8米。花期4—5月。多生长于海拔2100～2900米的山坡丛林中。春季满树点缀粉白色花朵，十分美观。产于湖北，云南多有分布。

75. 荼縻花

匍匐状灌木，高可达5～6米。花期4—6月。多生长于海拔1000～2000米的山坡路旁灌丛中。花味芳香，可提炼精油，是极佳的观赏植物。

76. 云南羊蹄甲

攀援状灌木，花期6—8月。多生长于海拔500～2100米的山坡灌丛路边。花形美观，花瓣淡红色，可供庭园棚架和岩石园造景。云南、四川、贵州多有分布。

77. 密果槭

落叶乔木，高 6 ~ 30 米。花期 5 月。多生长于海拔 1200 ~ 2000 米的常绿阔叶林中。花果美观，可供庭园栽培观赏。云南、广西多有分布。

78. 枫叶槭

落叶乔木，高 10 ~ 15 米。花期 4—5 月。多生长于海拔 700 ~ 1800 米的混交林中，花瓣 4 裂，花形美观。分布于云南东南部。

79. 珙桐

落叶乔木，高 15 ~ 20 米。花期 3—5 月。多生长于海拔 1800 ~ 2200 米的山地林中。花序独特美丽、形如飞行的鸽子，故又名鸽子花，为极佳的观赏花卉。云南、四川、贵州、湖北、湖南多有分布。

80. 滇南杜鹃

常绿灌木或乔木，高可达 4 米。花期 4—6 月。多生长于海拔 1110 ~ 2600 米的向阳山坡灌丛中。盛开时花繁叶茂，绮丽多姿，可供盆景观赏。产于云南中部及东南部，广西中部及西北部。

81. 粗柄杜鹃

常绿灌木，高 1 ~ 4 米。花期 4—5 月，滇南 3 月开花。多生长于海拔 1200 ~ 3500 米的岩石上。可供亚热带地区城市引种栽培。

82. 腋花杜鹃

常绿灌木，高 0. 9 ~ 2 米。花期 3—5 月。多生长于海拔 1900 ~ 3500 米的云南松林下、松栎林下或灌丛中。花形小，花色呈粉红或淡紫红，是很好的观赏花卉。云南、四川、贵州多有分布。

83. 锈叶杜鹃

常绿灌木，高 1. 2 ~ 3 米。花期 3—6 月。多生长于海拔 2100 ~ 2600 米的疏林中。适于亚热带地区庭园种植。云南、四川、贵州多有分布。

84. 碎米花杜鹃

常绿小灌木，高 0. 6 ~ 2 米。花期 2—5 月。多生长于海拔 800 ~ 2880 米的山坡矮灌丛中。可供庭园开阔地种植。

85. 炮仗杜鹃

常绿灌木，高 0. 5 ~ 3. 5 米。花期 2—6 月。多生长海拔 700 ~ 2500 米

的油杉林、栎林下或灌丛中。花冠奇特，花色美丽，多适于庭园种植，观赏佳品，半喜荫型。

86. 云南杜鹃

半常绿或常绿灌木。高 1 ~4 米。花期 4—6 月。多生长于海拔 2800 ~ 4000 米的松林下、灌丛中或岩石缝中。花形大且美观，可供亚热带至温带地区庭园引种栽培。云南、四川、陕西、贵州、西藏多有分布。

87. 石朱砂根

常绿灌木，高 1 ~2 米。花期 5—6 月。多生长于海拔 1000 ~2400 米的密林中及阴湿灌丛中。花果期长，果尤美丽，可供庭园种植观赏，需植于微荫处。分布于云南西北部贡山以南、西南及东南部的文山、景东等地。

88. 大蕊野茉莉

落叶小乔木，高 5 ~8 米。花期 4—5 月，果期 9—10 月。多生长于海拔 1400 ~2400 米的常绿阔叶林中。花色洁白，花瓣下垂，美丽动人，可供亚热带地区庭园种植观赏。云南多处有分布。

89. 流苏树

落叶灌木或小乔木，高可达 20 米。花期 4—5 月。多生长于海拔 1000 ~2800米的山坡河边。花色洁白，清雅芬芳，花序大而花多，适宜观赏。中国甘肃、陕西、山西、河北、河南以南至云南、四川、广东、福建、台湾各地均有分布。

90. 馥郁丁香

常绿灌木。花期 5—8 月。多生长于海拔 1500 ~2000 米的杂木林或灌丛内。花形极其美丽，适供观赏。产于云南。

91. 鸡骨常山

常绿灌木，高 1 ~3 米。花期 3—6 月。多生长于海拔 1100 ~2400 米的山坡沟谷地带灌丛中。花色粉红，花味芳香，可供庭园观赏或植于花坛配景。云南、贵州、广西多有分布。

92. 菊状千里光

多年生草本。花期 4—6 月。多生长于海拔 1400 ~3700 米的林缘、草地、河岸。花形美观，可供庭园栽培观赏。云南除南部较少外，大部地区有分布。

93. **云南蔓龙胆**

多年生缠绕草本。花期9—11 月。多生长于海拔1800 ~ 3400 米的山坡草地或林下。花极其美观，适供棚架垂直绿化。产于云南西部地区。

94. **细线龙胆**

草本。花期7—10 月。多生长于海拔2200 ~ 2600 米的湿润山坡灌丛中或山坡草地。

95. **过路黄**

匍匐茎草本，茎可延伸至60 厘米。花期 5—7 月。多生长于海拔1700 ~ 2300米的沟边、路旁阴湿处和疏林下潮湿地。花冠色黄，分枝多，可在庭园阴湿处作地被覆盖种植观赏。产于云南中部至西北部和保山、临沧至普洱、个旧、文山以北地区。

96. **腾冲灯台报春**

多年生草本。花期在 4 月。花冠色黄，清新美丽。多生长于海拔1600 ~ 1800米的河边林下和沼泽地。产于云南西部。

97. **海仙报春**

多年生草本。花期 5—7 月。多生长于海拔 1900 ~ 3350 米的高山湿草地和沼泽，可于庭园、沼泽地和溪边种植。产于云南昆明、禄丰、富民、大姚、普洱、剑川、洱海、丽江、维西、中甸，四川也有分布。

98. **天蓝沙参**

多年生草本。花期7—9 月。多生长于海拔1200 ~ 4000 米的林间草地、草坡、林缘或疏林下。花冠呈钟状，花色蓝或蓝紫。云南、四川多有分布。

99. **大金线吊葫芦**

缠绕草本。花期 7—10 月。多生长于海拔 2100 ~ 3600 米的山坡灌丛中。花形大且美观，花色青紫，可供棚架垂直绿化。云南、四川多有分布。

100. **桔梗**

多年生草本。花期 7—9 月。多生长于海拔 1200 ~ 2000 米的山地草坡林边。花形大，颜色美观，可供庭园观赏。云南东南部多有分布。

101. 细钟花

草质藤本。花期8—10月。多生长于海拔1900～2600米的阔叶林缘及灌丛、竹林中。花冠色蓝或蓝紫，十分美观，可供庭园阴湿处花架、墙垣及攀援绿化。云南、四川多有分布。

102. 羊肝狼头草

多年生草本，高10～90厘米。花期6—8月。多生长于海拔2500～4300米的空旷山坡草地与稀疏针叶林下。云南、贵州、广东、广西多有分布。

103. 大叶舌柱苣苔

多年生草本。花期6—8月。多生长于海拔1700～2850米的林下溪边岩石上。

104. 肉叶吊石苣苔

常绿灌木或半灌木。花期7—8月。多生长于海拔700～2400米的山地林中或阴湿处石上。花形美观，叶色碧绿，可供室内垂吊种植观赏。

105. 两头毛

多年生直立草本。花期3—7月。多生长于海拔1400～3400米的干热河谷及灌丛中。花形大，花萼钟状，花期长，可供花坛、岩石园、石山等地种植观赏。产于云南东北部、中部至西部和北部的金沙江、澜沧江流域及其支流的河谷地带。

106. 美丽火把花

灌木，高1～2米，偶有3米。花期8—12月，果期11月至翌年1月。多生长于海拔1450～3000米的石草坡及灌丛中，密林中少见。分布于云南西部至中部、西藏东南部。可供观赏。

107. 密花香薷

一年生草本，高20～60厘米。花期7—10月。多生长于海拔1800～2100米的林中、林缘、高山草甸及山坡荒地。花冠小，花色淡紫。产于云南西北部。

108. 西畴黄芩

多年生草本，茎高40～120厘米。花期4—5月。多生长于海拔1350～1700米的石灰岩山常绿阔叶林下湿润处。花对生，花色淡紫或紫红，产于云南西畴。

109. **姜花**

多年生草本，高1～2米。花期9月。多生长于海拔2400～2500米的林中。花大而美丽，花味芳香，十分优雅耐看。广西、广东、香港、台湾、湖南、四川、云南等地均有分布。

110. **万寿竹**

多年生直立草本，高可达150厘米。花期5—6月。多生长于海拔640～3100米的原始或次生常绿阔叶林、松林下或草地、石灰岩山。花色紫，花呈伞形。分布于云南大部分地区。

111. **橙花开口箭**

多年生草本。花期3—4月。多生长于海拔1800～2900米的常绿阔叶林或针叶林下。花形独特，近钟状。云南、西藏多有分布。

112. **匍茎卷瓣兰**

草本，附生兰。花期4—6月。多生长于海拔1200～2700米之间，附生树干上或岩石上。花瓣近圆形，花色紫红，可供观赏。产云南东南部和西北部，瑞丽江与怒江分水岭。

113. **独占春**

草本，附生兰或有时近地生。花期近3—5月。多生长于海拔1000～2000米的林缘树干上或岩石上。花色白，花味似丁香，是极其珍贵的观赏花卉。产于云南腾冲。

114. **虎头兰**

附生兰，多年生草本，高30～50厘米。花期10月至翌年4月。多生长于海拔1100～2700米的亚热带地区。花形大，颜色多彩，花味芳香。云南、广西、四川、西藏、贵州多有分布。

115. **碧玉兰**

多年生草本，附生兰。花期4—6月。多生长于海拔1300～1900米以下山地常绿阔叶林中，附生树上或岩石上。唇瓣淡黄色，上有“V”型紫红色斑块，极其美丽，可供观赏。产云南东南部至西南部。

116. **红根南星**

多年生草本，雌雄异株。花期5—6月。多生长于海拔1000～1600米

的林中。云南东南部特有。

117. 绒叶仙茅

多年丛生草本。花期5—12月。多生长于海拔1500～2500米的林下、草地。植株常绿，花序大且美观，是极佳的观赏花卉。分布于云南东南部至西部。

118. 多花兰

草本，附生兰。花期4—8月。多生长于海拔1500～2700米的林缘树干上或壁上。花浅褐色，无香味。分布于云南西北部至东南部。

119. 毛萼珊瑚兰

草本，腐生兰。花期6—7月。多生长于海拔800～2100米的林下多腐叶土的岩石间或枯木上。花色黄，花瓣宽卵形。陕西、湖北、广东、广西、贵州、四川、云南多有分布。

120. 长瓣兜兰

草本，陆生兰或半附生兰。花期8—9月。多生长于海拔1400～1800米的树上或岩石上。花形如两条扭曲的飘带，优雅美观。具极高的观赏价值。产于云南文山西畴。

121. 杏黄兜兰

多年生草本，地生兰或半附生兰。花期5—7月。特产怒江流域。生长于海拔1600米的岩壁上。花色杏黄，极其美艳，属于珍贵名花。有很高的观赏价值。云南、西藏多有分布。

122. 同色兜兰

草本，地生兰或半附生兰。花期6—8月。多生长于海拔1000～1430米的石灰岩地区多腐质土的岩石上或石缝中。花色淡黄或近象牙白，有紫色斑点，花形美观，产于云南中部。

123. 带叶兜兰

草本，陆生兰或半附生兰。花期4—5月。多生长于海拔700～1600米的林中岩石上。花大，花形奇异美丽，植株终年常绿，是极佳的观赏花卉。广西、贵州、云南多有分布。

124. 狭叶紫毛兜兰

草本，附生兰。花期在11月至翌年3月。多生长于海拔1400～1500

米的石灰岩山常绿阔叶林内，附生于树干上或岩石上。花色层次丰富，具有很高的观赏价值。产于云南麻栗坡。

125. 阔叶蒲桃

常绿乔木，高约12米。花期5—6月。多生长于海拔600~1500米的山地疏林中、溪旁。花形大，花色白，花瓣分离。云南、广东、广西多有分布。

126. 展毛野牡丹

常绿灌木，高0.5~1米。花期春夏季，多生长于海拔1500~2800米的开阔山坡灌丛或疏林内。花色紫红，可供花坛布展。产于云南东南部至西部，中国西南部至台湾各省均有分布。

127. 锥序尖子木

灌木，高1~2米。花期7—9月。多生长于海拔500~1900米的山谷林下灌丛中。花色以红为主，层次丰富，呈卵形。云南、广西、贵州、西藏多有分布。

128. 大山龙眼

常绿乔木，高可达10米。花期3—8月。多生长于海拔1000~1800米的山箐、林间阴湿地。花序奇特，花形美观，可供南亚热带地区庭院观赏。产于云南南部和东南部。

129. 使君子

落叶攀援灌木，高2~8米。花期5—6月。多生长于海拔300~2500米的林缘及次生疏林。花瓣5，花色初白，后转为淡红色。可供热带地区栽培观赏。产于云南西双版纳至潞江一带。

130. 蒙自金丝梅

丛生灌木，高0.5~3米。花期5—7月。多生长于海拔1500~1800米的山坡、山谷疏林。花大且美丽，可供庭院观赏。产于云南南部及东南部。

131. 密花远志

灌木，高0.5~2米。花期12月至翌年5月。多生长于海拔1000~2500米的林下或灌丛中。花色白带紫至粉红，极透明，可在微阴湿处的石山、沟边、墙垣边种植，也可供庭园观赏。产于云南南部和云南东南。

132. **龙珠果**

草质藤本。花期 7—8 月。多生长于海拔 250 ~ 500 米的路旁、草坡(逸生种)。花色白或淡紫，奇特美观。可供干热地区的庭园石山造景和棚架栽培观赏。产于云南河口、富宁。

133. **昂天莲**

灌木，高 1 ~ 4 米。花期在春夏季节。多生长于海拔 200 ~ 1200 米的山谷沟边林缘。花瓣呈匙形，花色红紫，花果生长奇特，可供庭园栽培观赏。云南、贵州、广西、广东多有分布。

134. **假苹婆**

乔木，高 8 ~ 12 米。花期 4—5 月。多生长于海拔 650 ~ 1300 米的山谷溪旁杂木林中。花色淡红，花形如星。云南、广东、广西、贵州、四川多有分布。

135. **箭叶秋葵**

多年生草本，高 40 ~ 100 厘米。花期 5—7 月。多生长于海拔 900 ~ 1600 米的低丘、草坡、旷地稀疏松林下。花大且美丽，花色红或黄，花瓣倒卵状长圆形。云南、广东、广西、贵州多有分布。

136. **波叶梵天花**

多年生草本，高 0. 5 ~ 1 米。花期 8—11 月。多生长于海拔 850 ~ 1600 米的山坡丛中。花色浅粉，花香清淡。云南、贵州、广西多有分布。

137. **含羞云实**

藤本。花期 10 月至翌年 2 月。多生长于海拔 500 ~ 2000 米的山坡灌丛、路旁和林缘。花大，排列疏松，花色鲜黄。产于云南西双版纳、德宏州。

138. **仪花**

乔木或灌木，高 3 ~ 20 米。花期 6—8 月。多生长于海拔 130 ~ 1000 米的河边杂木林中。花开时极其繁茂，可供庭园观赏。云南、广东、广西多有分布。

139. **中国无忧花**

乔木，高 5 ~ 20 米，胸径达 30 厘米。花期 4—5 月。多生长于海拔 450 ~ 1900 米的山箐、河旁疏林。花大，花色黄，十分美丽，可供庭园观赏。云南、广西多有分布。

140. 大猪屎豆

半灌木状草本，茎高 1 ~ 2 米。花期 8—10 月。多生长于海拔 500 ~ 2500 米的山坡灌丛、潮湿河边。花大且美观，花色黄，可供观赏。云南除西北部高山地带外，大部分地区均有分布。

141. 鹦哥花藤

木质藤本。花期 4—5 月。多生长于海拔 900 ~ 1670 米的林中。

142. 小果薇花藤

木质藤本。花期 12 月至翌年 6 月。多生长于海拔 120 ~ 1300 米的沟谷季雨林及次生灌丛中。花多而密集，花色黄绿相间。云南、广东、广西、贵州多有分布。

143. 散花紫金牛

常绿灌木，高约 2 米。花期 6 月。多生长于海拔 850 ~ 1400 米的山谷疏、密林下阴湿处。花色粉红，呈长圆状卵形或卵形，可供庭院阴湿地种植。产于云南蒙自、屏边等地。

144. 红凉伞

灌木，高 1 ~ 2 米。花期 5—6 月。多生长于海拔 1000 ~ 2400 米的密林中及阴湿灌丛中。花期长，伞形花序或聚伞形花序，是珍贵的耐阴观果花卉，可供庭园观赏。产云南西北部贡山以南、西南部及东南部。

145. 滇野茉莉

乔木，高 5 ~ 12 米。花期 4—5 月，果期 9— 10 月。多生长于海拔 220 ~ 2400米的林中。花多，花色洁白，花味芳香，可供庭园观赏。云南东北部有分布。

146. 雷打果

攀援灌木，长达 10 米。花期 5 月。多生长于海拔 1500 ~ 2000 米的山地潮湿密林中。花大，花色洁白素雅。产于云南南部。

147. 紫花络石

木质藤本，花期 5—7 月。多生长于海拔 1300 ~ 2800 米的山谷疏林沟边。花形独特，花色紫，可供棚架垂直绿化。浙江、江西、福建、湖北、湖南、广东、广西、云南、贵州、四川和西藏等省区均有分布。

148. **短裂玉叶金花**

攀援状灌木，高2~3米。花期4—6月。多生长于海拔1350~1950米的山地杂木林中或灌丛内。花色淡黄。产于云南普洱、西双版纳和景东。

149. **胭木**

常绿乔木，高可达15米。花期5—10月。多生长于海拔200~1500米的山地杂木林、山脚湿地疏林。花形奇特美观、可供热带地区庭园栽培观赏。云南、广西、贵州多有分布。

150. **叉序玉叶金花**

常绿攀援灌木，高2~4米。花期4—6月。多生长于海拔1020~1800米的疏林、林缘、山谷溪边林下。一片叶状白色的大萼片，配以金黄色的花冠，整个花序显得极为美丽，是很好的庭园观赏植物。

151. **长花忍冬**

木质藤本。花期6月。多生长于海拔1100米的干燥林内。花冠白色，后变黄色。云南、广东、海南多有分布。

152. **金钟藤**

常绿大型缠绕草本或亚灌木。花期5~7月。多生长于海拔120~680米的疏林润湿处。花形呈漏斗状，花色黄，花冠白，可供热带庭园棚架绿化用。云南、广西、海南多有分布。

153. **密序苣苔**

亚灌木，茎高25~80厘米。花期4月。多生长于海拔250~800米的山谷灌丛中或芭蕉林下。花形娇小可爱，可供观赏，种植于阴湿环境。产于云南东南部。

154. **假杜鹃**

多枝半灌木，直立，高1~2米。花期8—10月。多生长于海拔200~1700米的干旱山坡或灌丛中。花紫堇色，有蓝或白色斑点，花多且繁茂，可供庭园种植观赏。台湾、福建、广东、海南、广西、四川、贵州、云南和西藏等省区均有分布。

155. **大叶紫珠**

灌木至小乔木，高3~5米。花期4—7月。多生长于海拔100~2000米的疏林下、灌丛中。产于云南西南部、南部至东南部。

156. **假连翘**

灌木，高约2米。花期全年。多生长于海拔950～1150米的林下，总状花序顶生或腋生，花萼管状，花冠色蓝或淡蓝紫，可供观赏。我国南方大部分地区有分布。

157. **闭鞘姜**

多年生草本，茎高1～2米。花期7—9月。多生长于海拔130～1600米的疏林、山谷阴湿地。花色素雅，大方美观，叶色碧绿，可供庭院种植观赏。云南、广东、广西、台湾多有分布。

158. **圆瓣山姜**

多年生草本，高1～15米。花期8—10月。多生长于海拔600～2100米的林下、草地。花冠除顶部红色外，其余白色，可供观赏。云南南部多有分布。

159. **硬叶兜兰**

直立多年生草本，高4～10厘米。花期2—5月。多生长于海拔1000～1420米的常绿阔叶林下、石上。花大且美观，有多种色泽，是珍贵的观赏花卉。产于云南麻栗坡、西畴。

160. **紫纹兜兰**

草本，地生兰。花期10月至翌年1月。多生长于海拔700米以下的林内多腐叶土、排水良好的土壤上或箐沟边多苔藓的石缝间。花形雅致，色彩庄重，是珍贵观赏花卉。产于云南南部。

161. **彩云兜兰**

草本，地生兰。花期3月至翌年3月。多生长于海拔1200～1700米的山坡草丛多石积土中。花较大，花瓣绿白色或淡黄绿色。产于云南西南部。

162. **斑叶鹤顶兰**

附生兰，多年生草本，高可达45厘米。花期4—6月。多生长于海拔1500～2200米的常绿阔叶林下、山谷溪边。花唇瓣呈管状，花味芳香，主供观赏。云南、广东、湖南、福建多有分布。

163. **莪术**

多年生草本，高约1米。花期5月。多生长于海拔830～1280米的林

荫下。花形美丽，花色层次渐变，可供观赏。产于云南东南部至南部。

164. 红花姜

直立草本，茎高 1.5 ~ 2 米。花期 6—8 月。多生长于海拔 700 ~ 2900 米的杂木林、针阔叶混交林下。花极美丽，适供庭园观赏。

165. 总梗万寿竹

多年生草本，茎高 1 ~ 2 米。花期 5 月。多生长于海拔 150 ~ 800 米的雨林、季雨林下。

166. 老虎须

多年生草本。花期 4—5 月。多生长于海拔 100 ~ 1500 米的水边、沟谷及雨林。花形十分独特，花色紫黑，线状苞片细长而下垂，形如虎须，故称“老虎须”。云南、广东、广西、海南多有分布。

167. 梳帽卷瓣兰

草本，附生兰。花期 4—6 月。多生长于海拔 1400 ~ 2000 米的林中，附生树上或潮湿的岩石上。伞形花序，具数朵花，花色浅白密布紫红色斑点。产于云南南部至西南部。

168. 兜唇石斛

草本，附生兰。花期 4—5 月。多生长于海拔 900 ~ 1800 米的阔叶林内，附生树上或岩石上。花色素雅，花瓣椭圆形，可供观赏。广西、贵州、云南多有分布。

169. 齿瓣石斛

附生兰，草本。花期 4—5 月。多生长于海拔 650 ~ 2000 米的林内、附生树干上。花色层次丰富，极为美丽，是较珍贵的观赏花卉。可供室内悬吊栽培观赏。广西、贵州、云南、西藏多有分布。

170. 肿节石斛

多年生草本，附生兰。花期 3—4 月。多生长于海拔 1000 ~ 1600 米的疏林树干上。花瓣阔长圆形，花色紫红至白，茎节奇异，可供观赏。产于云南澜沧。

171. 船唇兰

草本，附生兰。花期 4—5 月。多生长于海拔 1600 ~ 2200 米的山坡阔叶林中，附生。可供观赏，适于悬吊栽培。

172. **小花万带兰**

草本，附生兰。花期3月。多生长于海拔800～1200米的疏林中树干上。产于云南南部。

173. **鼓槌石斛**

附生兰，肉质草本。花期4—6月。多生长于海拔500～1620米的湿性常绿阔叶林中，附生树上。花姿优美，花色鲜黄，花味芳香，是著名的观赏植物。产于云南南部至西部。

174. **鹤顶兰**

兰科。花期3—6月，夏季为盛花期。多生长于海拔500～1300米的林下湿地。花大，美丽，背面白色，内面暗赭色或棕色。台湾、福建、广东、香港、海南、广西、云南多有分布。

175. **马先蒿**

马先蒿是玄参科中一属植物的总称。马先蒿属植物大多为多年生草本，少数为一年生草本，株高几厘米至几十厘米，最矮的如分布于德钦白茫雪山的藓状马先蒿，连花序在内，高不过4厘米。花排列于顶生的穗状花序或总状花序上，有的呈楼台状，如岩居马先蒿、华丽马先蒿等。花色多样，以紫红色的为多，如退毛马先蒿、长毛鼻马先蒿、聚花马先蒿、管花马先蒿等；红色的如包唇马先蒿、迈氏马先蒿、罗氏马先蒿等；淡紫色的如美丽丽江马先蒿、穆坪马先蒿、华丽马先蒿等；黄色的如长花马先蒿、假多色马先蒿、三色马先蒿等；白色的如舟花马先蒿、澜沧马先蒿、白花纤裂马先蒿等。有的一株上具有两种颜色的花，如腋花马先蒿、二歧马先蒿。主要分布在西南横断山区，自然生长于海拔2000～5000米的高山草甸、亚高山潮湿草地、林缘、灌丛及沼泽地。云南的马先蒿种类居全国首位。

176. **秋海棠**

秋海棠为秋海棠科秋海棠属植物的总称，该植物为多年生稍肉质性草本，茎不高，最高可达1米以上。根块状或纤维状，大体可分为根茎类、须根类、球根类三类。叶基生或互生茎上，形状多种，小者宽仅1厘米，大者宽可达30厘米以上。花为单性同株，野生者均为单瓣。雄花先开，花被片4枚，雄蕊多数；雌花花被片3～6枚，花柱3，常有弯曲或螺旋状的

柱头。果为一蒴果，有翅或有棱。花色多为淡红和粉红，也有红色、白色或淡黄色。重瓣、半重瓣者均为园艺杂交种，花色多样。秋海棠种类繁多，全球1000余种，主产热带美洲、热带亚洲，次为热带非洲，少数种类分布在亚洲的亚热带地区。中国约140种，主产长江流域及西南各省区，其中尤以云南的种类最为丰富，有90多种，主要分布在滇东南和西南部的红河、文山、西双版纳、临沧、德宏等州市。其生态环境大多为热区温暖湿润的地方，喜生于林下荫蔽处或沟谷、溪边及潮湿的悬崖上。秋海棠大体可分为两类：

（1）观花类秋海棠：花容娇嫩，有点嫣红妩媚，如娇羞的妙龄少女；有的雪白冷艳，尚具芳香；有的周年开花不断，零零落落四时常春。常见的如茶花海棠、竹节海棠、裂叶海棠、四季海棠等。

（2）观叶类秋海棠：以欣赏多种异样的叶形（心脏形的、团扇形的、枫叶形的、掌状形的、镰刀形的，等等）和斑斓的色彩，例如，有的星星点点，如泪痕斑斑，多少有些撩人情愫；有的犹如天鹅绒般的地毯，使人惊叹；有的就像一幅天然的彩画，令人叫绝。常见的如银星海棠、中华秋海棠、蟆叶秋海棠、变色秋海棠、彩纹秋海棠等。

177. 樱花

在云南的樱花有两种：

（1）云南樱花：又名红花高盆樱，与日本樱花同属于蔷薇科樱桃属，它是由原生于滇西南腾冲、梁河、龙陵等地的苦樱桃（又名青樱桃）演变而来，是苦樱桃的一个变种。苦樱桃的花为单瓣，淡粉红色；云南樱花的花为重瓣，深粉红色，这是人工栽培获得的变异。云南樱花与日本樱花同为落叶小乔木，同为高度园艺化的著名观赏花木。

（2）冬樱花：又名“小阳春”、大樱，分布于滇南各地亚热带山区海拔1300～1600米的向阳疏林中。花淡粉红色、单瓣。形态与云南樱花相近，短总状花序，每序3～7朵，于冬季12月开花，落叶期极短，花谢即发新芽，在昆明可露地越冬。小树2～3米可以开花，冬樱花结实力强，9月果实成熟，呈紫红色，长椭圆形，直径1厘米，就地育苗，当年可长1米高。彝良等地用作樱桃砧木，亲和力强，成活率高。

178. **地涌金莲**

单子叶植物，生长于云南中部至西部，海拔1500～2500米的山间坡地。地涌金莲为多年生从生大型草本，花小，着生于硕大苞片的基部。地涌金莲观赏的主要部分是由那金黄色的宛如花瓣一般的大苞片层层叠叠组成的莲座状的大花序，长约25厘米，宽与长几乎相近，在开花时期，一眼望去，那一座座金黄色的大花序就如地下涌出的朵朵金莲花，故名“地涌金莲”。产于楚雄州、大理、昆明、玉溪、保山、丽江、迪庆、怒江等州市。

179. **野梅**

小乔木，通常3～5米，野梅（野生梅）可高达10米；叶椭圆形，互生，先端长尖叶，叶缘具细锯齿，花1～3朵簇生小枝上，花多无梗或具短梗，淡粉红色，白色至红色，芳香，多在早春开放。野梅株型较大，叶较宽，枝干具针状刺，花单瓣，多白色或粉红色。是极佳的观赏花卉。

180. **鱼尾葵**

棕榈科，鱼尾葵属。乔木状，高10～15.2米，直径15～35厘米。花期5—7月，果期8—11月。产云南盈江、耿马、景洪、勐腊、江城、河口、麻栗坡等地，生于海拔450～700米的山坡或沟谷林中。广西、广东、海南、福建等省区也有分布。本种树形美丽，可作庭院绿化植物；茎髓含淀粉，可作桄榔粉的代替品。

181. **报春红景天**

景天科，红景天属。多年生草本，高2～7厘米。花果期5—10月。产云南碧江、丽江、大理和巧家，多生于海拔2900～4450米的岩石隙间。四川西南部有分布。

182. **美丽马醉木**

常绿灌木，小乔木，高1～6米。产于云南大部分地区，多生于海拔1500～2800米的常绿阔叶林下、松林或林缘灌丛中。四川、湖北、贵州、广西、西藏也有分布；越南北部、缅甸北部、印度东北部、不丹和尼泊尔东部都有分布。

183. **鹅掌草**

毛茛科，银莲花属。根状茎斜生，圆柱形，直径5～10毫米，节间极

短。花期6—8 月。产云南大理、兰坪、鹤庆、丽江、维西，多生于海拔3000～3200 米的山坡草地或石上。分布于贵州、四川、陕西南部、湖北、湖南、江西、安徽南部、江苏南部、浙江西北部。日本和俄罗斯远东地区也有分布。

184. 疏花火烧兰

兰科，地生草本，株高 30～40 厘米。花期 5 月。产云南德钦、中甸、丽江、昆明、路南等地；多生于海拔 2700～3400 米的林中和林缘。分布于四川西部，尼泊尔、缅甸、印度、巴基斯坦、伊朗及中东大多数国家也有分布。

185. 云南鸢尾

鸢尾科，鸢尾属。多年生草本。花期 5—6 月，果期 7—8 月。产云南丽江、中甸、华坪及鹤庆等地；多生于海拔 2750～3600 米的水沟、溪流旁的湿地或山坡草丛中。四川、西藏也有分布。

186. 鸟巢兰族

地生或腐生草本，地下通常有长或短的根状茎，稀具块茎，不具假鳞茎。全世界共约 80 属，热带至温带分布。我国有 8 个亚族，29 属。云南有 6 个亚族，18 属，多见于西南高山。

187. 蜂腰兰属

兰科附生草本。假鳞茎密集地生于粗短的根状茎上，下面生许多纤维根，顶端生 2 枚叶。叶狭长，具多脉，基部逐渐收狭成明显的柄。花葶生于两叶中央，连同幼嫩假鳞茎和幼叶从老假鳞茎基部附近的根状茎上发出，俯垂；总状花序具多数花。全球蜂腰兰仅 1 种，产云南至东喜马拉雅其他地区。

四、家培花卉

近几年，云南省政府出台了一系列政策，利用云南优越的自然条件，吸引了国内外著名花卉公司，将生产基地转移到云南，使云南成为亚洲最大的花卉出口基地和市场交易中心，鲜切花产量和盆栽花卉产量大幅提高，出口量和市场覆盖率也进一步增加。优异的地理、气候资源，使得许多在其他地区难以家培的花卉得以成功栽种，并且培育出新的品种，还获得国外授权。“云花”已经成为云南一张响亮和独特的名片，并规模化进入东亚、东南亚市场。

来到云南，随处可见怒放的鲜花，无论是公园、街道两旁，甚至是不起眼的围墙边，总有红的、黄的、蓝的、紫的……一团团，一簇簇的花朵宛若打翻的调色盘一般，在蔚蓝的天空映衬下，点缀着绿色的春城。

云南是花卉的王国，有热带、温带、亚热带、寒带的主要品种，拥有人类观赏花卉的种质基因库，有着这样的优势条件，云南人历来就有养殖花卉的传统，通过长期的实践和经验总结，将许多大自然的奇花异卉移栽到了家庭之中。

伴随着生活水平的提高，人们对生活质量逐渐重视，大到生活的城市大环境要春意盎然，小到庭院居室也要用盆景和观赏花卉装点。家培花卉技术不断进步发展，如今种类繁多，如云南著名的“八大名花”：山茶、杜鹃、报春、龙胆、百合、木兰、兰花绿绒篙等，原来都是高山花卉，而今已成功的走进家庭中。在爱花的云南人家中，这些盆栽花卉占据了阳台、客厅，像一个浓缩的小花园般，成为靓丽的风景，季节变换，唯有花开不败。

在云南的各大公园，每年定期举办花卉展，其中一些展览是花卉爱好者将自已的得意盆栽展示出来，供游人和摄影爱好者一睹风采。在昆明金

殿公园的山茶花节上，万株茶花怒放，许多难得一见的珍贵品种在展览上争奇斗艳，如玛瑙、恨天高、紫袍等。同样出名的还有昆明大观楼公园的菊花展，已经举办了二十多年，从最初参展的几十个品种，数千盆菊花，发展到如今500多个品种，近6万多盆，数量和质量都在不停进步，绿牡丹、墨菊、一支红梅等名贵品种出现在展览上。

以下所列为一些云南常见的家培花卉。

1. 菊

菊花，多年生宿根草本植物。菊品种繁多，据统计，世界上有1000多个属，3000种，为百花之冠。受传统种植习惯影响，云南菊花大多为盆栽或园艺类栽培。

2. 云南山茶

属于山茶科山茶属植物，为常绿大花乔木，高可达5～10米以上，枝干健壮，树形优美，不同品种具有不同的树形特征。花瓣颜色由淡红至深紫，花期12月至翌年4月。西部自然分布范围仅限于滇西山地及滇中高原。

（1）松子鳞：乔木，叶长椭圆形，花朵为重瓣组蔷薇型，花深桃红至艳红色，花径10～13厘米，花瓣平展，花心不露，花瓣大约50片左右，因花初开之时，花冠宛如松球张鳞而得名。花期1—3月，属大理茶花八大名品之一，现在昆明、晋宁、通海还有松子鳞茶花古树。

（2）牡丹茶：乔木，枝条较软，叶椭圆状卵圆形，花为重瓣牡丹型，花初开放时颜色较深，逐渐变浅，花径11～16厘米，花瓣30～35片，形成如牡丹型花冠饱满的圆球状。花期2—3月，是云南茶花中的晚花型品种，属大理茶花八大名品之一。

（3）玛瑙：乔木，叶长椭圆形波浪状，叶片常带有黄色斑块。因酷似玛瑙而得名，花艳红色与白色相间，有红、白玛瑙之分，红色多者称红玛瑙，又俗称“猪血拌豆腐”；白色多者称白玛瑙。重瓣组牡丹型，花复色，花径12～14厘米，花瓣20～30片，花期1～3月，属大理茶花八大名品之一。

（4）恨天高（汉红菊瓣）：据说在明末清初身价甚高，以叶论价。引入昆明后，因为株型矮，生长缓慢，繁殖较难，改名“恨天高”。叶宽而平展，呈阔卵形至椭圆形，花朵呈粉桃色，边缘略淡，瓣添具白晕；花朵复瓣重重，是云南茶花中珍贵的天然化品种。花径 9 ~ 11 厘米，花瓣 40 ~ 45 片，雄蕊瓣化，雌蕊退化。花期 12 月至翌年 4 月，属大理茶花八大名品之一。

（5）雪娇：叶宽椭圆形至长椭圆形，白色花，外轮花瓣带红色，花径 12 ~ 15 厘米，约 26 片。花期 1— 2 月。列为大理茶花八大名品之一，生长快速，宜作为元旦盆花开发。

（6）紫袍：小乔木，叶宽卵形至长椭卵圆形，枝粗叶肥，叶色深绿，花朵深红偏紫黑，是云南山茶中颜色最深的品种。因而称“紫袍”。花径 11 ~ 14 厘米，最大可达 16 厘米。花重瓣组蔷薇型，花瓣 42 ~ 46 片。枝干上多见不整齐的“蜂窝眼”，是识别品种的明显特征。主要变异品种有“玛瑙紫袍”“朱砂紫袍”“九心紫袍”和“玉带紫袍”等。是大理茶花八大名品之一。

（7）童子面：原称“银红菊瓣”。乔木，叶长椭圆形，初花淡粉红色，略带粉红晕似儿童脸，故称“童子面”。枝条短而分枝多，树冠稠密，花径 7 ~ 9 厘米，花瓣 35 ~ 40 片。花期 3—4 月。属大理茶花八大名品之一，为云南山茶花色最浅的品种。

（8）大理茶：乔木，叶宽椭圆形，叶片肥厚硕大，靠近基部叶缘有明显波纹，是此品种显著特征。花艳红色至深桃红色，花径 12 ~ 22 厘米，花瓣 30 片左右，重瓣组牡丹型，花最大花径可达 12 ~ 22 厘米，为云南山茶中花型最大者。花期 1—3 月。属大理茶花八大名品之一。

3. 黄牡丹

芍药科落叶亚灌木。花期 4—5 月。多生长于海拔 1900 ~ 3500 米的石灰岩山地疏林或荒坡。黄牡丹是珍贵的可供观赏的花卉，也是重要的育种材料。云南、西藏多有分布。

4. 直距耧斗菜

多年生草本。花期 6—8 月。多生长于海拔 2500 ~ 3500 米的山地杂木林下。花色美艳，花型奇异独特，可供花坛配置、草地丛植观赏等。四川、云南、西藏多有分布。

5. 红毛虎耳草

多年生草本，高 16～40 厘米。花期 5—6 月。多生长于海拔 2100～3500 米的山地林下或阴湿处岩石上。花形奇异，叶美观，可供石山荫处种植或盆栽观赏。湖北、云南、四川、西藏多有分布。

6. 黄杯杜鹃

常绿灌木或小乔木，高 1～6 米。花期 5—6 月。多生长于海拔 3000～4500 米的灌丛中。花形大，花繁茂，花色美丽。可地植或盆栽。云南、四川、西藏多有分布。

7. 毛叶蔷薇

落叶灌木，高 1～2 米。花期 5—7 月。多生长于海拔 2300～4100 米的山坡阳处或沟边杂木林中。花极其美观，可供庭院路旁、公园种植。云南、西藏、四川、贵州多有分布。

8. 峨嵋蔷薇

灌木，高 2～3 米。花期 5—6 月。多生长于海拔 2000～4200 米的混交林下灌丛中。花极其美观，可供观赏。分布于云南省大部分地区。

9. 绢毛蔷薇

直立灌木，高 1～3 米。花期 5—6 月。多生长于海拔 2000～3800 米的山坡、山谷、路旁灌丛中。可供栽培观赏以及花架、围篱、路旁、坡地覆盖等造景使用。云南、四川、贵州、西藏多有分布。

10. 雪山大戟

多年生草本，高 30～40 厘米。花期 5—6 月。多生长于海拔 2700～3000 米的高山草地、溪边潮湿地。花形极其美丽，可供温带城镇庭院栽培。云南特有种。

11. 红头垂头菊

草本，高 7～25 厘米。花期 6—7 月。多生长于海拔 3300～4600 米的高山草坡、灌丛乱石中。花美观，供庭园花坛种植或盆栽。

12. 中甸独花报春

多年生草本。花期 5—6 月。多生长于海拔 3500～4200 米的山坡林间草地和河边。可供庭园花坛种植或盆栽。云南、四川多有分布。

13. 丽花报春

多年生草本。花期6—7月。多生长于海拔2800～4500米的高山草地或林缘。花色十分艳丽，适合植于花坛和盆栽及岩石园种植观赏。云南、四川、西藏多有分布。

14. 多色杜鹃

常绿小灌木，高30～120厘米。花期5—7月。多生长于海拔2800～4200米的冷杉林边、山坡杜鹃灌丛或高山草坡湿地灌丛中。可供栽培观赏。云南、四川、西藏多有分布。

15. 七叶龙胆

多年生草本，高10～15厘米。花期8—9月。多生长于海拔3500～4300米的高山草甸、山坡及林边草地、灌丛中。可花坛或盆栽观赏。云南、四川、西藏、陕西多有分布。

16. 锡金报春

多年生草本。花期6月。多生长于海拔3200～4730米的湿草甸及泉边。花冠大，花色纯黄色。适供庭园观赏。可花坛种植，盆栽或湿润空旷地种植。云南、四川、西藏多有分布。

17. 黄花蓝钟拔

多年生草本。花期7—8月。多生长于海拔3000～3600米的草地或疏林下。植株小，可供盆栽观赏或在阴湿处作地被种植。

18. 松叶青兰

多年生直立草本，高13～28厘米。花期8—9月。多生长于海拔2300～3500米的亚高山多石的灌丛草甸中。花色天蓝，花形秀丽，可供花坛种植或盆栽。分布于云南西北部。

19. 尖被百合

多年生草本，茎高10～45厘米。花期5—7月。多生长于海拔2700～4600米的栎林、高山草甸、灌丛中。适于花坛或草地边栽培观赏。多分布于云南、四川、西藏。

20. 马缨花

常绿灌木至小乔木，高可达12米。花期3—5月。多生长于海拔1200～3200米的常绿阔叶林或云南松林下。花色粉红，花萼管状，为杜鹃

花中的名种，可供庭院布景或盆栽。云南除热带地区外，全省广布。

21. 滇海水仙花

多年生草本。花期5—6 月。多生长于海拔1500～3300 米的沟边、水旁、湿草地。可供盆栽和庭园湿润地栽培。云南、四川多有分布。

22. 云南独蒜兰

草本，陆生兰。花期5—6 月。多生长于海拔2000～3000 米的林下沟谷有泥土的石壁上。花色淡紫、粉红或近白色，十分美丽，可供观赏。可供盆栽和花坛种植。产于云南中部、西北部和滇南部分地区。

23. 蚂蚁花

直立亚灌木，高0.6～1.5 米。花期6—10 月。多生长于海拔550～1900 米的向阳山坡草地、灌丛边及溪边湿润地方。花大且美丽，花多，花期长，可供庭院或盆栽种植观赏。云南、广西、西藏多有分布。

24. 含羞草

蔓生或攀援半灌木，高可达 1 米。花期 3—10 月。多生长于海拔300～1500米的热带地区的山坡丛林。花多且小，花色淡红，可供盆栽观赏。云南、福建、台湾、广东、广西多有分布。

25. 翅梗石斛

肉质草本。花期在3—4 月。多生长于海拔1100～1600 米的疏林树干上。花瓣呈卵状长圆形，十分美观，植株矮，适于盆栽观赏。产于云南普洱。

26. 兰　花

兰科植物千姿百态，种类繁多，习惯上分为中国兰和“热带兰”（又称“洋兰”）两大类，中国兰主要为兰属植物。兰花是兰科植物的通称，兰科植物是单子叶植物纲中分布最广、种类最多的大家族。云南是名副其实的兰花资源大省，云南地生兰栽培以滇西大理、保山，滇西北丽江、维西，滇东南文山、西畴，滇中昆明、宜良，滇南石屏、建水一带为盛，一年四季均有开放世界兰属共48 种，中国有29 种和5 个变种。云南有26 种和3 个变种，在国产29 种兰属植物中，除美花兰仅产海南，垂花兰仅产台湾，落叶兰除产四川、贵州、浙江之外，其余26 种云南均产之。其中，全国仅有云南产的兰属植物共有6 种：果香兰、滇虎头兰、碧玉兰、文山红

柱兰、大雪兰、斑香兰。除兰属外，兰科具有重要观赏价值的重要属尚有9个：

（1）杓兰属：中国32种，云南13种，有3种仅产于云南。

（2）兜兰属：中国18种，云南10种，有7种仅产于云南。

（3）虾脊兰属：中国48种，云南26种，有5种仅产于云南。

（4）鹤顶兰属：中国8种，云南7种，有3种仅产于云南。

（5）独蒜兰属：中国16种，云南13种，有6种仅产于云南。

（6）石斛兰属：中国76种，云南54种，有27种仅产于云南。

（7）指甲兰属：中国4种，云南4种，有3种仅产于云南。

（8）槽香兰属：中国6种，云南4种，有2种仅产于云南。

（9）万带兰属：中国9种，云南8种，有5种仅产于云南。

27. **木　兰**

“木兰”通常泛指木兰科植物。木兰科植物是最古老的一类高等植物，也是庭园栽培中最为重要的一类植物。全球木兰科植物共约300种，共分15个属。中国有11个属107种，云南有11属58种，木兰科植物虽广泛分布在亚洲、美洲之温带、亚热带及热带，但种类之多，资源之富，仍以云南为最。云南以文山、红河和普洱为多。

（1）黄缅桂：又名“黄兰”“缅桂花”。主产于滇南、滇西南，是白缅桂（白兰花）的“亲姐妹”。夏季开花，花色嫩黄，极香，花朵小巧玲珑，是傣家妇女虽喜爱的芳香饰品，常插于头上。

（2）山玉兰：在文山叫“大棚棚叶”，在曲靖称“野厚朴”，云南特产，全省多数地方均有之。为常绿大花乔木，春夏开花（4—8月），花开直径达15～20厘米。

（3）馨香木兰：产于文山州常绿阔叶林中。为常绿乔木，叶阔厚实，花开四季，花色淡黄，盛者全年可开几千余朵花，香味尤甚。

（4）云南含笑：昆明称“皮袋香”，丽江称“十里香”。产滇中、滇南、滇西各地。常绿小乔木，在丽江农家常作棚架式栽培。

（5）滇藏木兰：为高大落叶乔木，花大，白色或粉红色，具香味。在大理、永平又称“木莲花”。在漾濞称“红花厚朴”，在龙陵称“山丹花”。广泛分布于滇中、滇西和滇西北温凉地带，东至宣威，西至腾冲、

龙陵，南至楚雄、南华、弥渡，北至福贡、德钦等地。

28. 紫牡丹

高1～1.5米，花紫红色，直径5～6厘米，花瓣5～9片，花期5—6月。骨突（果）成熟于9—10月。产于西北部丽江、香格里拉、维西海拔2700～3700米左右的石灰岩山地中或石砾坡地。

29. 长果绿绒蒿

罂粟科，绿绒蒿属，多年生草本，花期5—7月，果期7—10月。产云南西北部丽江、鹤庆，多生长于海拔2700～4000米的草坡。

30. 美丽芍药

芍药科，芍药属，又名粉丹、臭牡丹。多年生草本。花期4—6月，果期6—8月。产云南东北部（东川、昭通、巧家），多生长于海拔1500～2700米的山坡林缘阴湿处。分布于贵州西部、四川中南部、甘肃南部、陕西南部。根药用，含芍药甙，有行瘀活血、止痛之效。花供观赏。

31. 黄花鹤顶兰

兰科。花期4—10月。产云南贡山、福贡、维西、勐腊、景洪、广南、麻栗坡、西畴、富宁；多生长于海拔820～2500米的山谷溪边、林下。分布于贵州、四川、海南、香港、广西、广东、湖南、台湾、福建。斯里兰卡、尼泊尔、不丹、印度东北部、日本、菲律宾、老挝、越南、泰国、马来西亚、印度尼西亚和新几内亚岛也有分布。

32. 滇南带唇兰

兰科。花期5月。产云南福贡、腾冲、金平、文山，多生长于海拔1900～2100米的杂木林中。分布于西藏。不丹、印度东北部也有分布。

33. 大根兰

兰科，腐生植物。花期6—8月。产云南东川，生长于海拔700～1500米的林下、林缘或开旷山坡上。分布于贵州、四川。尼泊尔、巴基斯坦、印度北部、缅甸、越南、老挝、泰国、日本均有分布。

34. 墨　兰

兰科，地生植物。花期9月至翌年3月。产云南丽江、宾川、大理、勐养、麻栗坡、西畴、富宁等地，生长于海拔800～2300米的林下、灌木丛中或溪边阴湿处。分布于贵州、四川、广西、广东、海南、台湾、福建、江西、安徽。印度、缅甸、越南、泰国、日本琉球群岛均有分布。

35. **寒　兰**

兰科，地生植物。花期8—12月。产云南贡山、麻栗坡、屏边，生长于海拔1200~2100米的林中、溪谷旁或湿润多石处。分布于贵州、四川、广西、海南、广东、湖南、台湾、福建、江西、浙江、安徽。朝鲜半岛和日本南部也有分布。

36. **大雪兰**

兰科，附生植物。花期10—12月。产云南景洪，附生于海拔1600~1800米的林中树上或岩石上。印度、缅甸、泰国也有分布。

37. **黄蝉兰**

兰科，附生植物。花期8—12月至翌年6月，果期11月。产云南贡山、福贡、盈江、腾冲、龙陵、德钦、临沧、云县、景东、勐海、建水、元阳、绿春、屏边、麻栗坡、砚山等地，附生于海拔750~2500米的常绿阔叶林中树上或岩石上。分布于西藏东南部（察隅）、四川西南部。尼泊尔、不丹、印度东北部、缅甸北部也有分布。

38. **冬凤兰**

兰科，附生植物。花期8—12月。产云南勐海、勐腊；附生于海拔300~1600米的疏林中树上或溪谷中的岩壁上。分布于广西、广东、海南、台湾、福建。广布于印度、缅甸、越南、老挝、柬埔寨、泰国、马来西亚、印度尼西亚、菲律宾、日本。

39. **莎草兰**

兰科，附生草本。花期9—12月。产云南怒江河谷、贡山、福贡、中甸、临沧、景东、绿春、屏边、金平及云南大部分地区；附生于海拔1300~2900米的山谷阔叶林树上或岩壁上。分布于西藏（墨脱）、四川峨眉山。尼泊尔、不丹、印度、缅甸也有分布。

40. **独占春**

兰科，附生植物。花期2—5月。产云南贡山、福贡、泸水、大理、凤庆等地，附生长于海拔2000米左右的溪边岩石上；分布于广西南部、海南。尼泊尔、印度、缅甸也有分布。各地常栽培。

41. 长叶兰

兰科，附生植物。花期10月至翌年1月，果期10—11月。产云南贡山、宾川、临沧、墨江、峨山、江川、元江、富民、西畴、蒙自西南、屏边，生长于海拔1200～2800米的沟边阔叶林树上、石上或路旁林下。分布于西藏、四川、贵州。尼泊尔、不丹、印度东北部、缅甸北部均有分布。

42. 西伯利亚鸢尾

鸢尾科，鸢尾属，多年生草本。花期4—5月，果期6—7月。云南有栽培。原产欧洲，常栽于庭园及花坛中以供观赏。

43. 狭叶耳唇兰

假鳞茎近圆筒形，两端常略收狭，长2.5～10厘米，粗6～13毫米。花期3—4月，果期10月至翌年4月。产云南贡山、泸水、腾冲、龙陵、潞西、镇康、耿马、景东、普洱、景洪、勐腊，附生于海拔1200～2100米的林中树上。分布于尼泊尔、不丹、锡金、印度东北部、缅甸、越南、柬埔寨、泰国。

44. 万代兰

附生植物，不具假鳞茎或块茎，具肥厚的气生根。全球共约155属，主要分布于亚洲与非洲热带地区以及大洋洲，个别属也见于南美洲。我国仅有1个亚族，共45属。云南有1个亚族，35属。

45. 四季报春

又名四季樱草、仙鹤莲，系英国园艺家于1880年由湖北宜昌引入的鄂报春培育的大花栽培品种，每株先后能抽出花葶7～8枝，花色有红、紫、蓝、橙、白多种，还有重瓣的，为冷室早春重要盆花。现世界各地广为栽培，在昆明可四季种植，全年开花，故名四季报春。

46. 藏报春

是人们最早引为家栽的报春花之一，原产于四川、湖北、陕西、甘肃南部。其叶片羽状分裂，花萼膨大如陀螺形，栽培品种花大，花色多种。

47. 报春花

又名小种樱草，原产于云南、贵州。该种花葶上有2～6轮伞形花序。原种花小，浅红色，有香气。栽培品种花朵增大，花色丰富，有单瓣、重瓣、裂瓣等花型。

48. **小报春**

在昆明又称田埂报春，常见于郊野田埂路旁。一年生植物，粗生易长，现已作为一种美丽的地被植物在庭园栽培。

五、食用花卉

所谓食用花卉，即花的叶子或花朵可食用的花卉植物。云南的可食用花卉资源是世界上任何一个国家都无法与之媲美的，“植物王国”的美称可不是白来的，云南拥有4000多种野生花卉，经过调查研究，有近800种可食用花卉，还有2000多种是潜在资源。发掘这些尚在“休眠”的花卉资源，将云南省可食用鲜花产业不断转型升级，将资源转化为商品，为云南食用鲜花产业营造更好的发展环境，就目前来看国外的食用花卉市场潜力巨大。

云南十八怪里其中一怪就是“鲜花当蔬菜”，这与云南人“以花入馔”的习俗和传统是相符合的，玫瑰茶、鲜花饼、杜鹃花、棠梨花等等都是云南人耳熟能详的“花式菜肴”，还有目前新列入食品的辣木花等。用花入药、以花为宴，是云南的特色。高原紫外线对鲜花香味和色素的形成具有特殊的作用，它让云南的可食用鲜花拥有无可比拟的高品质，同时四季如春的气候也为产量提供了重要支撑。

食用鲜花色泽美丽，气味怡人，天然无添加，绿色环保，同时鲜花还具有药食同源的特质，不仅好吃还具有抗氧化、美容养颜、抗疲劳、增加免疫力等保健功能。云南百花盛开的春天，一边赏花，一边吃着春花菜肴，无疑是件好玩又惬意的事情。特别是云南的食用玫瑰，已成为云南旅游的特色伴手礼。到安宁八街采摘下新鲜的玫瑰，看着玫瑰花瓣就揉碎在鲜花饼中，气味芳香诱人；或是将玫瑰花制成玫瑰酱，都是独具特色的小礼物。

将可食用花卉产业融入到云南的大健康产业、高原特色农业中，为消费者提供安全、优质、味美的鲜花食品，探索一条食用鲜花发展道路并将云南食用花卉推向全世界。

1. **金花小檗**

半常绿灌木，高0.5～2米。花期6—9月。多生长于海拔2000～4200米的山坡、路边灌木丛、石山、河滩或沟边。株形各异且美观，入秋后叶、果均呈红色，是极好的观叶、观果植物。云南、四川、西藏、甘肃均有分布。可以作为饮料资源。

2. **蔷　薇**

蔷薇、玫瑰、月季是姐妹花，它们都是蔷薇属的主要种类。蔷薇花是蔷薇属很多野生种的泛称，多为直立、蔓延或攀援灌木，多数被有皮刺或刺毛，叶互生，叶边缘有锯齿。花单生成伞房状，花朵颜色较多，白色、黄色、粉色、桃粉色至红色。瘦果木质，花期5—6月。蔷薇花味甘温、酸，性凉，有清暑化湿、顺利和胃、止血的功效。食疗方：蔷薇花粥、蔷薇蒸鱼。

3. **海菜花**

海菜花是云南高原湖泊常见的水面观赏植物，也是一种珍贵的多年水生植物。海菜花通常生长在水深2～3米的湖边水层中，浅水中则叶片变得短而宽，在透明度大的深水湖（泸沽湖）中生长可达5～6米。茎短缩，叶基生，沉水。花期5—10月，温暖地区全年有花。生长环境对水质要求高，只要水稍微有污染，海菜花就会死亡。在云南海菜花主要分布于滇西北的丽江、剑川、大理、洱源、洱海及中南部东川、江川、石屏等地。但目前在多数受污染的高原湖泊如滇池（云南昆明）、异龙湖（云南石屏）、杞麓湖（云南玉溪）等湖泊中已绝灭。云南海菜花属植物有3个变种：

（1）通海海菜花：叶片狭椭圆形，边缘平坦，具明显的粗锯齿。产云南杞麓湖、阳宗海。

（2）波叶海菜花：叶片宽带状，边缘波伏翻卷，全缘或有不明显的细齿。产云南泸沽湖。

（3）路南海菜花：雄株佛焰苞内有株芽，株芽与雄花同时萌发。

海菜花花茎可作蔬菜食用，炒吃或煮汤都是常见的食用方法。

4. **锦鸡儿**

又名金雀花、白鲜皮、大狗吉、金孔雀。蝶形花科锦鸡儿属，落叶灌木，株高1～2米。枝条细长垂软，掌状三出复叶；托叶常为三叉，有柔

刺；花生叶腋，4 至 5 月开花，瓣端稍尖，旁分两瓣，势如飞雀，色金黄，故又名“金雀花”。分布于滇中及会泽等地的山坡灌丛中，贵州、四川、湖南、湖北、河南、河北也有栽培。金雀花含有蛋白质、脂肪、碳水化合物、多种维生素、多种矿物质等成分，具有滋阴、和血、健脾的功效，可以食用，如金雀花煎蛋。

5. 油菜花

十字花科属双子叶植物，一年或多年生草本。基生叶旋叠状，茎生叶，一般是互生，没有托叶。花两性，辐射对称，花瓣 4 枚，呈十字形排列，雄蕊通常 6 枚，4 长 2 短，通常称为“四强雄蕊”，雌蕊由二心皮构成，子房位置靠上。茎圆柱形，多分枝；叶互生，叶大，浓绿色，无叶柄及托叶。开花时，茎梢着花，总状花序，花萼片四片，黄绿色，花冠四瓣，黄色，呈十字形。果实为长角果，到夏季，成熟时开裂散出种子，紫黑色，也有黄色。花期 2—3 月，云南罗平是油菜花主要产地之一。云南人也将油菜花烹饪为“冲菜”，捂好的冲菜有一股刺鼻的气味，味道独特。

6. 棠梨花

即棠梨树的花。棠梨为落叶乔木，高 4 ~ 10 米，树皮灰褐色，纵裂；幼枝黑褐色，被绒毛，有时具刺。单叶互生；菱状卵形或椭圆状卵形，长 4 ~ 11 厘米，宽 2 ~ 5 厘米，先端长渐尖，基部阔楔形，边缘锯齿尖锐，上面深绿色，无毛，下面青绿色，初时有绒毛；叶柄长 2 ~ 5 厘米。花白色，直径 2 ~ 3.3 厘米，先叶开放，8 ~ 10 朵，成伞房花序；花梗长 1 ~ 2.5 厘米；花萼 5 裂，裂片披针形，有密绒毛；花瓣 5，倒卵形。先端圆形，基部狭小；雄蕊多数；花柱 2 ~ 3。梨果球形，直径 1 ~ 1.6 厘米，褐色，有白色斑点，萼脱落。花期 4—5 月，果期 10 月。民间普遍采花而食，经焯、漂、洗，除去苦涩味，以清香味和馔，如腌菜炒棠梨花、棠梨花炒肉丝、韭菜棠梨花、凉拌棠梨花等。棠梨花不仅好吃，还含有丰富的维生素及氨基酸和人体所需的十几种矿质元素，能清肺、止咳、润喉。

7. 苦刺花

豆科，槐属植物。云南特有植物，又称苦刺、狼牙刺、铁马胡烧。生长在河谷沙丘和山坡路边的灌木丛中，滇中、滇南、滇西均有分布。总状花序着生于小枝顶端，花小，花萼钟状，蓝紫色，无毛，花冠白色或淡黄色，花期3—5月。是云南人常吃的传统野菜，将花蕾和花朵洗净后再用清水浸泡，多次换水除去苦味后食用，做法有豆豉苦刺花、苦刺花炒蛋、凉拌苦刺花、苦刺花炒青豆米等。

8. 芋头花

天南星科植物芋的花序，芋头的花蕾，又称芋苗花。茎部比较平滑，性平，味麻，有毒。外侧有较硬的筋，食用时需要剔除干净。芋头花的家常做法有：酱爆芋头花、茄子芋头花、青椒芋头花、芋头花炖臭豆腐、芋头花炒腊肉等。

9. 韭菜花

简称韭花，也叫韭苔。是秋天里韭白上生出的白色花簇，多在欲开未开时采摘，韭花食之能生津开胃，增强食欲，促进消化。韭花富含钙、磷、铁、胡萝卜素、核黄素、抗坏血酸等有益健康的成分。常见的如云南曲靖的传统做法，用新鲜韭菜花与苤蓝丝、辣椒混合在一起，经腌制而成。其味浓郁清香，甜、咸、辣味俱佳，脆嫩味美，鲜香扑鼻，可口。

10. 芭蕉花

为芭蕉科植物芭蕉的花蕾或花。穗状花序顶生，下垂；苞片佛焰苞状，红褐色或紫色，每苞片有多数小花，具有独特的鲜甜味。味甘淡、微辛，性凉，是德宏、西双版纳地区常见食材，大部分家常菜的做法是芭蕉花炒肉，还有香酥芭蕉花、芭蕉花煎蛋、包烧芭蕉花等。

11. 棕　花

即棕树的花，也称棕包。棕树属亚热带植物，树干笔直，顶端长着扇状的枝叶，主干上包裹着一层又一层的“棕衣”。棕树花开在棕树的枝叶和树干的连接处，一片叶子下就有一个花苞，常常开金黄色、米粒儿般的棕树花，成熟后结的红色小果，一串串的，分外显眼。棕花性苦味平。一般有两种吃法，一是煎炒，一是煮汤。

12. 山茶花

常绿阔叶灌木或乔木，枝条黄褐色，小枝呈绿色或绿紫色至紫褐色。叶互生，椭圆形、长椭圆形、卵形至倒卵形。叶边缘有锯齿，叶片正面为深绿色，背面颜色较浅。花单生，花单瓣、半重瓣或重瓣。花朵颜色丰富，山茶花糯米藕、山茶花糯米粥是云南山茶花比较有代表性的美食。除此之外，将山茶花制成山茶花油、山茶花粉也是比较常见的。山茶花药用价值亦高，有收敛、止血、凉血、调胃、理气、散瘀、消肿等功效。

13. 玉兰花

又名木兰、白玉兰、玉兰等。木兰科玉兰亚属，落叶乔木，树高一般 2 ~ 5 米或可达 15 米。冬芽密被淡灰绿色长毛，叶片互生有时呈螺旋状，宽倒卵形至倒卵形，花先叶开放，大型、直立，钟状，芳香，碧白色，有时基部带红晕。聚合果，种子心脏形，黑色。花期 10 天左右。玉兰花含有丰富的维生素、氨基酸和多种微量元素，有祛风散寒，通气理肺之效。可加工制作小吃，也可泡茶饮用。玉兰花做法较多，可以搭配炒肉，也可以炸成酥，或做玉兰花酿肉丸、玉兰饼、玉兰花蒸糕、玉兰花熘肉片、玉兰花沙拉、玉兰花素什锦、玉兰花米粥、玉兰花蛋羹等。

六、药用花卉

云南从地理位置来看，地处中国西南边陲，气候类型丰富，“一山分四季，十里不同天。”隔山不同天是云南独特的气候现象，也为植物生长创造了得天独厚的地理环境和气候环境。因而云南花卉种类繁多，其中可以入药的花卉从种类、数量和质量上算都在全国名列前茅。

药用花卉是云南花卉世界中一颗璀璨的明珠。在云南省唯一的藏族自治州——迪庆，既属于藏文化圈，又因其地域特殊而形成了与其他藏区不同的政治、经济、文化，故拥有不同于其他藏区的、自身发展规律性和独特性。在“三江并流”区域里是云南亚热带常绿阔叶林植被区向青藏高原高寒植被区过渡的地带。一个土地面积不到中国土地面积 0.4% 的区域，却拥有中国 20% 以上的高等植物、25% 以上的动物种数和 10 个植被型、23 个植被亚型，这在世界上是少见的，所以人们才说它是北半球生物多样性和生态环境的缩影。

藏药花卉的形态和生理特征集中表现为生长在海拔 3800 米以上；从植被类型看主要在高寒草甸植被、高山垫状植被、高山流石滩稀疏植被三种类型中；这些类型中的建群种、伴生种绝大部分是藏药，故以上可称之为藏药植物的特征。

藏药对治疗心血管疾病有特殊疗效，许多药用花卉已经人工种植，像是云木香、天麻、灯盏花、石斛等，丰富多彩的药用花卉，是云南中药产业化发展的基础，建立完善云南药用花卉物种资源库、基因库，利用生物技术保护药用植物资源，使“云药”成为云南特色名片之一。

1. 香　薷

[科属]唇形科，香薷属。

[形态]直立草本，高 30 ~ 50 厘米，具密集的须根。叶卵形或椭圆状

披针形，边缘具锯齿，上面绿色，疏被小硬毛，下面淡绿色。穗状花序，花冠淡紫色，约为花萼长之3倍，花药紫黑色。小坚果长圆形，长约1毫米，棕黄色，光滑。花期7—10月，果期10月至翌年1月。

[分布环境]分布于云南省西北部，多见于路旁、山坡、荒地、林内及河岸。西藏、甘肃南部，四川西部也有分布。

[药用价值]带根全草或地上部分都可入药，气清香而浓，味辛，性微温。功效为发汗解表，和中利湿。用于暑湿感冒，恶寒发热，头痛无汗，腹痛吐泻，小便不利。药材以枝嫩、穗多、香气浓者为佳。

2. 筋骨草

[科属]唇形科，筋骨草属。

[形态]别名白毛夏枯草、散血草、破血丹。一年或二年生草本，茎四棱形，基部略木质化，紫红色或绿紫色，叶片纸质，卵状椭圆形至狭椭圆形。穗状聚伞花序顶生，一般长5～10厘米，由多数轮伞花序密聚排列组成；苞片叶状，花萼钟形，5齿裂；花冠唇形，淡蓝色、淡紫红色或白色。花期4—8月，果期7—9月。

[分布环境]分布于云南省西北部迪庆全境海拔2200～3100米的灌丛林缘、农田附近、松林下。

[药用价值]全草均可入药，性味苦、涩、寒。主要用于清热解毒、降压、利尿、镇痉。治高血压、中毒性肝损伤、肝胃并发症、咽喉炎、气管炎、热性病、脑膜炎、癫痫、炭疽病、尿路结石、淋病、痈疖肿毒、跌打损伤。

3. 牛　至

[科属]唇形科，牛至属。

[形态]多年生草本或半灌木，芳香。叶大多卵形或长圆状卵形，全缘或有远离的小锯齿，上面亮绿色，常带紫晕，具不明显的柔毛及凹陷的腺点，下面淡绿色。花序呈伞房状圆锥花序，花萼钟状，花朵呈紫红、淡红至白色，管状钟形。花期7—9月，果期10—12月。

[分布环境]分布于云南迪庆海拔3600米以下的林地、灌丛、田埂。西藏东南、四川西部及全国大部均分布。

[药用价值]全草可入药，味辛、性凉、无毒，有清热解表、理气化

湿、倒尿消肿等功效，可预防流感，治中暑、感冒、头痛身重、腹痛、呕吐、胸膈胀满、气阻食滞、小儿食积腹胀、腹泻、月经过多、崩漏带下、皮肤瘙痒及水肿等症。

4. 独一味

[科属]唇形科，独一味属。

[形态]多年生草本花卉。根茎伸长，粗厚。表面棕黄色，具浅槽或棱，多皱纹。地上部分均被毛。茎方形而粗糙。单叶对生，叶片皱缩，呈暗绿色或褐绿色，展开后叶常 4 枚，呈辐射状两面对称，叶片菱状圆形、扇形或横肾形，长 6 ~ 13 厘米，脉显紫色，上有稀疏柔毛。宿存花萼聚集成蜂窝形，萼 5 齿，外被疏刚毛，萼齿顶端具小刺尖。轮伞花序密集排列成有短葶的头状或短穗状花序，花朵呈淡紫色、紫红色或粉红褐色。花期 6—7 月，果期 8—9 月。

[分布环境]分布于云南迪庆香格里拉、维西、德钦三市（县）海拔 3800 ~ 4700 米的高山草甸、河滩草地。

[药用价值]全草入药，性味甘、涩、温、燥。主治养骨、补髓、止血、接骨、止痛、引黄水。治骨折、头伤、扭伤、骨松质炎症、关节炎积水、筋骨疼痛、跌打瘀痛。

5. 丹　参

[科属]唇形科，鼠尾草属。

[形态]多年生草本。根茎短缩而匍匐，向下生出块根及纤维状须根，块根通常 2 ~ 3，朱红色，纺锤形。茎直立，高约 30 厘米，钝形，具槽，密被平展白色长柔毛。叶呈卵圆形或椭圆形，花萼钟形，花朵呈蓝紫色，小坚果椭圆形，黑棕色，光滑。花期 4—8 月。

[分布环境]分布于云南西北部迪庆海拔 2700 ~ 3800 米的灌丛林缘、草坡、荒地。西藏东南部、青海、四川、甘肃也有分布。

[药用价值]根及根茎入药，味苦，性微寒，归心、肝经。活血调经，祛瘀止痛，凉血消痈，清心除烦，养血安神。主治月经不调、经闭痛经，症瘕积聚、胸腹刺痛、热痹疼痛、疮疡肿痛、心烦不眠、肝脾肿大、心绞痛。

6. **黄花鼠尾草**

[科属]唇形科，鼠尾草属。

[形态]又称黄花丹参，多年生草本花卉。根茎粗短，其上覆有褐色鳞片及残存叶鞘，向下直伸粗大扭曲状条状根。茎直立，高 20～50 厘米，钝四棱形，具四浅槽，被疏柔毛或变无毛，通常不分枝。叶片卵圆形或三角状卵圆形，轮伞花序通常 4 花，4～8 个稍疏离组成顶生总状花序，或总状花序基部少分枝而组成总状圆锥花序；苞片卵圆形。花萼钟形，花冠黄色，成熟小坚果未见。花期 7 月。

[分布环境]分布于云南迪庆香格里拉、维西、德钦三市（县）海拔 2250～4400 米的林下、草甸、荒坡。西藏东南、四川西部、青海、甘肃均分布。

[药用价值]根入药，性味苦，微寒。具有凉血化瘀之功效，主治月经不调、经闭、产后瘀滞腹痛、跌打损伤、瘀血肿痛。

7. **西南蓍草**

[科属]菊科，蓍草属。

[形态]多年生草本，高 30～80 厘米。茎直立，稍有棱线，被白色柔毛向下部渐疏，上部有分枝，节间短。叶密集，单叶互生，无柄，叶片线状披针形，叶片上有柔毛，下面密被柔毛并有腺点，边缘有带栉齿状、羽状裂片。头状花序直径 5～8 毫米，排成宽约 4 厘米的圆锥伞房状；总苞近球形，苞片多为 3 层，卵状椭圆形，边缘舌状花粉红色，稀白色，花冠宽矩圆形或近圆形，顶端 3 浅裂，有时不明显，中央管状花两性，黄色，花药淡黄色，伸出冠外。瘦果扁平椭圆形。花期 6—9 月，果期 9—11 月。

[分布环境]分布于云南迪庆香格里拉、维西、德钦三市（县）海拔 2000～3600 米的林缘草丛、灌丛林地，水沟旁也有分布。

[药用价值]性味辛、苦，性平。有小毒。具有活血、散瘀、愈疮之功效，用于风湿疼痛、牙痛、经闭腹痛、胃痛、肠炎、痢疾；外用治毒蛇咬伤、痈疖肿毒、跌打损伤、外伤出血。

8. **牛　蒡**

[科属]菊科，牛蒡属。

[形态]二年生草本，具粗大的肉质直根，长达 15 厘米，径可达 2 厘

米，有分高起的条棱，全部茎枝被稀疏的乳突状短毛及长蛛丝毛并混杂以棕黄色的小腺点。叶宽卵形，边缘稀疏的浅波状凹齿或齿尖，两面异色，上面绿色，有稀疏的短糙毛及黄色小腺点，下面灰白色或淡绿色，被薄绒毛或绒毛稀疏，有黄色小腺点。头状花序多数或少数在茎枝顶端排成疏松的伞房花序或圆锥状伞房花序，花序梗粗壮。小花紫红色，瘦果倒长卵形或偏斜倒长卵形，两侧压扁，浅褐色，有多数细脉纹，有深褐色的色斑或无色斑。花果期6—9 月。

［分布环境］分布于云南迪庆香格里拉、维西、德钦三市（县）海拔1600～3500 米的村旁、路边、田埂、河边草地、山坡草丛，近几年开始田间人工培育，取其幼根，作蔬菜进入市场。

［药用价值］果实、根均可入药，也能食用。以粒大饱满无秕籽者为佳。味辛、苦，性温。能通经络、破痞结。治妇科病、结石症、神经痛、痞瘤肿块。叶捣烂外敷，治未化脓的乳腺炎。亦可用适量煎水作茶饮。

9. 苍　耳

［科属］菊科，苍耳属。

［形态］一年生草本，高 20～90 厘米。根纺锤状，分枝或不分枝。茎直立不枝或少有分枝，下部圆柱形，径 4～10 毫米，上部有纵沟，被灰白色糙伏毛。叶三角状卵形或心形，边缘有不规则的粗锯齿。雄性的头状花序球形，径 4～6 毫米，有或无花序梗，总苞片长圆状披针形，长 1～1. 5 毫米，被短柔毛，花托柱状，托片倒披针形，长约 2 毫米，顶端尖，有微毛，有多数的雄花，花冠钟形，管部上端有 5 宽裂片；花药长圆状线形；雌性的头状花序椭圆形，外层总苞片小，披针形，长约3 毫米，被短柔毛，内层总苞片结合成囊状，宽卵形或椭圆形，绿色，淡黄绿色或有时带红褐色，在瘦果成熟时变坚硬。瘦果倒卵形。花期 7—8 月，果期 9—10 月。

［分布环境］云南各地广布。

［药用价值］味苦，性微寒；有小毒。主要用于感冒、头风、头晕、鼻渊、目赤、目翳、风温痹痛、拘挛麻木、风癞、疔疮、疥癣、皮肤瘙痒、痔疮、痢疾、祛风散热、解毒杀虫、湿痹拘挛、散风除湿、通窍止痛。

10. 川西小黄菊

［科属］菊科，巨菊属。

[形态]多年生草本，高 7 ~ 25 厘米。茎单生或少数茎成簇生，不分枝。叶椭圆形或长椭圆形，全部叶绿色，头状花序单生茎顶。花朵为桔黄色或微带桔红色。瘦果长约 3 毫米。花果期 7—9 月。

[分布环境]分布于云南西北部迪庆香格里拉市、德钦县海拔 3600 ~ 5000 米的高山草坡、草甸或灌丛林缘。

[药用价值]是一种藏药，藏语称为“色尔君木美多”，全草入药，味苦，性寒。有活血、散瘀、祛湿、消炎、止痛之功效。可治“黄水”病、瘟疫热、太阳穴头痛、跌打损伤、脑震荡、湿热疮疡。

11. **千里光**

[科属]菊科，千里光属。

[形态]又名九里明、千里急等。多年生攀援状亚灌木，茎木质，根茎粗壮。枝具线纹，稍呈“之”字形，被脱落性微毛。叶片卵状披针形至长三角形，通常具浅或深齿，稀全缘，有时具细裂或羽状浅裂，叶脉明显；头状花序，有舌状花，多数，在茎枝端排列成顶生复聚伞圆锥花序；花朵呈黄色。瘦果圆柱形。花期 10 月至翌年 3 月，果期 2—5 月。

[分布环境]云南大部分地区有分布，主要生长于山坡、疏林下、林边、路旁。适应性较强，耐干旱，又耐潮湿，对土壤条件要求不严，但以砂质壤土及粘壤土生长较好。西藏东南部、青海、四川、甘肃均有分布。

[药用价值]味苦、性寒。清热解毒、凉血消肿、明目退翳、杀虫止痒。主治流感、上呼吸道感染、肺炎、急性扁桃体炎、腮腺炎、急性肠炎、菌痢、黄疸型肝炎、胆湿癣炎、急性尿路感染、目赤肿痛翳障、痈肿疖毒、丹毒、湿疹、干湿癣疮、滴虫性阴道炎、烧烫伤。

12. **菊状千里光**

[科属]菊科，千里光属。

[形态]多年生根状茎草本，具茎叶，稀近葶状，高 40 ~ 80 厘米。叶片呈全形卵状椭圆形，卵状披针形至倒披针形。头状花序有舌状花，多数，排列成顶生伞房花序或复伞房花序，花朵为黄色。瘦果圆柱形。花期 4—11 月。

[分布环境]云南大部分地区有分布，腾冲、澜沧江—怒江分水岭、维西、香格里拉、丽江、大理、顺宁、普洱、昆明、巧家、东川、蒙自、屏

边等地的林缘、稀疏灌丛林地、河谷阶地、草滩可见。西藏东部、四川西部也有分布。

[药用价值]全草或根可入药。味苦，性寒。清肝、胆热，接骨，愈伤。治肝热、胆热、热毒、骨折、创伤、疮疡。对创伤、疮痈效果尤佳。亦可用地上部分煎膏，功效相同。

13. 云南紫菀

[科属]菊科，紫菀属。

[形态]多年生草本植物，根状茎稍细。植株高半米左右，单生或与莲座状叶丛丛生，全部叶上面被疏毛，有腺，中脉在下面凸起，离基三出脉和侧脉显明。皱缩成团块状花序。总苞半球形，黄绿色。舌状花多数，舌片细长，皱缩，蓝色，管状花 5 裂，裂片具短毛，子房淡棕色，密被短绒毛；冠毛近白色。瘦果长圆形，长达 3 厘米，被绢毛，上部有黄色腺点，有 4 肋。花期 7—9 月，果期 9—10 月。

[分布环境]云南大部分地区均有分布，海拔 2200 ~ 4800 米的草坡、林缘可见。西藏东南部、四川西部也有分布。

[药用价值]花序入药，辛、苦、凉。用于流行性感冒，发烧，食物中毒，疮疖。清瘟病时疫热，解痉挛。

14. 短莛飞蓬

[科属]菊科，飞蓬属。

[形态]又称灯盏花。多年生草本，根状茎木质，根茎粗壮，叶主要集中于基部，基部叶密集，莲座状，花期生存，倒卵状披针形或宽匙形。头状花序，单生于茎或分枝的顶端，总苞半球形，花朵为蓝色或粉紫色。瘦果狭长圆形。花期 3—10 月。

[分布环境]产于云南等省区，常见于海拔 1800 ~ 3500 米的草坡、林缘、草甸，田埂地旁、路边。西藏东南部、四川西部均有分布。

[药用价值]全草入药，气清香，味微涩，性凉。清热解毒。治瘟病时疫、脉热病、流行性感冒、头痛、眼疾。

15. 红　花

[科属]菊科，红花属。

[形态]一年生草本。全部茎枝白色或淡白色，光滑，无毛。中下部茎

叶披针形、披状披针形或长椭圆形，边缘羽状齿裂，齿端有尖刺，两面无毛。头状花序多数，在茎枝顶端排成伞房花序，花朵为红色、桔红色，全部为两性。瘦果倒卵形。花果期5—8 月。

[分布环境]云南多数地区有分布，海拔1700 ~ 2200 米的金沙江、澜沧江沿岸阶地，有人工种植。

[药用价值]性温，味辛，活血通经、散瘀止痛。用于经闭、痛经、恶露不行、症瘕痞块、跌打损伤。

16. 苞叶雪莲

[科属]菊科，风毛菊属。

[形态]多年生草本，高16 ~ 60 厘米。根状茎粗，颈部被稠密的褐色纤维状撕裂的叶柄残迹。茎直立，有短柔毛或无毛。基生叶有长柄，柄长达8 厘米；叶片长椭圆形或长圆形、卵形，长7 ~ 20 厘米，宽3 ~ 6 厘米，顶端钝，基部楔形，边缘有细齿，两面有腺毛；茎生叶与基生叶同形并等大，但向上部的茎叶渐小，无柄；最上部茎叶苞片状，膜质，黄色，长椭圆形或卵状长圆形，长达16 厘米，宽达7 厘米，顶端钝，边缘有细齿，两面被短柔毛和腺毛，包围总花序。头状花序6 ~ 15 个，在茎端密集成球形的总花序，无小花梗或有短的小花梗。总苞半球形，直径1 ~ 1.5 厘米；总苞片4 层，外层卵形，中层椭圆形，内层线形。全部苞片顶端急尖，边缘黑紫色，外面被短柔毛及腺毛。小花蓝紫色，长1.8 厘米，管部长8 毫米，檐部长10 毫米。瘦果长圆形，长5 毫米。冠毛2 层，淡褐色，外层短；糙毛状，长5 毫米，内层长，羽毛状，长1.2 厘米。花果期7—9 月。

[分布环境]分布于德钦白马雪山海拔4500 ~ 5800 米的高山流石滩。青海南部、西藏、四川西部也有分布。

[药用价值]全草入药，味甘、微苦，性温。清热、解毒、舒经活络，治瘫痪、癫痫、麻风病、疮疖疔毒。

17. 甘青乌头

[科属]毛茛科，乌头属。

[形态]多年生草本，高10 ~ 25 厘米。块根纺锤形，子根3 ~ 7 个，纺锤形或圆锥形。茎单一，直立，分枝或不分枝，被稀疏反曲的短柔毛。叶5 ~ 7 片，生于茎下部，具长柄，长4 ~ 7 厘米，基部扩展，半抱茎；叶片

圆形或肾圆形，长 2 ~3 厘米，宽 3 ~4 厘米，3 深裂至中部，中央裂片扇状倒卵形，顶端 2 浅裂，基部心形，掌状脉 3 ~5 条，明显；茎上部叶较小。总状花序顶生，具 3 ~5 花；花轴和花梗多少被反卷的短柔毛；苞片线形；小苞片卵形至宽线形；萼片蓝紫色，上萼片盔形，宽 6 ~8 毫米，侧萼片舟形，下萼片宽椭圆形或椭圆状卵形；花瓣 2，极小；雄蕊多数。花丝极短，扁压，上部被柔毛，花药长卵形，黑色；子房上位，心皮 5，花柱细长，柱头膨大。果长 1 厘米。种子倒卵形，具 3 纵棱，沿棱有翅。花期 7—8 月，果期 8—9 月。

[分布环境]云南西北部迪庆香格里拉、维西、德钦三市（县）海拔 3200 ~4800 米的高山草甸、碎石滩或沼泽地均有分布。西藏东南部、四川西部、青海东部、甘肃南部均有分布。

[药用价值]又称山附子，地下部分入药，味苦，性凉。清热解毒，对胆热和宿热有效；治“赤巴”病，传染病发热、流感、肝胆热病，食物中毒；外用洗蛇咬、蝎蜇。藏医用全草治疗发烧、肺炎等症。

18. 短柄乌头

[科属]毛茛科，乌头属。

[形态]又称“雪上一枝蒿”，多年生草本。块根成对，长圆柱形至圆锥形，长 4 ~7 厘米，直径 1 ~1. 5 厘米。茎直立，高 30 ~60 厘米，上部密被柔毛。叶互生，茎生叶密生于中部以下，有短柄或近无柄，叶片 3 深裂，裂片再 2 至 3 回羽状深裂，小裂片线形至披针状线形，宽 1 ~2 毫米，两面均无毛。总状花序顶生；花序轴密生友曲短柔毛；花紫蓝色，盔瓣船形，侧瓣宽倒卵形，下片斜长圆形外面被短柔毛；密叶 2，有长爪，距短小；花丝下部被疏柔毛；心皮 5，密被开展的长柔毛。蓇葖果长圆形，长约 15 毫米，无毛。花期 8—9 月，果期 9—10 月。

[分布环境]分布于迪庆香格里拉格咱乡大雪山、红山，德钦县梅里雪山海拔 3400 ~4200 米的砾石草坡、林缘地带。

[药用价值]地下部分入药。药材主用子根，母根极少采到。气微，味麻，味苦。大毒。清热、退烧、止痛、祛风、散瘀止血。治风湿性关节炎、关节疼痛、跌打瘀痛、流行性感冒、瘟病时疫、毒热痈疖肿毒。幼苗与根的功效相同，毒性稍小，疗效稍次。

19. **粗毛黄堇**

[科属]罂粟科，紫堇属。

[形态]多年生草本，高 8 ~ 15 厘米。须根 6 ~ 20 条成簇，棒状增粗，向下渐狭，长达 7 厘米，粗约 3 毫米，黄褐色，上部具叶，下部裸露，基部线形。基生叶少数，叶柄长 5 ~ 11 厘米，叶片轮廓卵形，长 2 ~ 6 厘米，宽 1.5 ~ 4 厘米，三回羽状分裂，第一回裂片 4 对，下部者具柄，上部者具短柄或近无柄，第二回羽状深裂至浅裂，第三回裂片下部者 2 ~ 3 浅裂，上部者全缘，背面具软骨质粗糙的柔毛，有时密集且明显，有时稀疏不明显；茎生叶通常 2 枚，近对生于茎的上部，具短柄，叶片轮廓长圆形，长 3 ~ 8 厘米，宽 1 ~ 2 厘米，其他与基生叶相同。总状花序长 2.5 ~ 5 厘米，密集多花；苞片菱形，下半部楔形全缘，上半部扇状条裂，边缘具软骨质的糙毛；花梗细，短于苞片。萼片小，近肾形，具条裂状齿；花瓣淡黄带紫色，开放后橙黄色，上花瓣长 1.5 ~ 2 厘米，花瓣片舟状倒卵形，背部具绿色的鸡冠状突起，距圆筒形，长 10.7 ~ 0.8 厘米，粗 0.3 ~ 0.4 厘米，钝，下花瓣长 0.8 ~ 1 厘米，背部具鸡冠状突起，内花瓣长约 0.8 厘米，先端深紫色；雄蕊束长约 0.8 厘米，花丝椭圆形，宽约 2 毫米；子房椭圆形，长约 0.6 厘米，粗约 2 毫米，具 2 列胚珠，花柱纤细，长约 2 毫米，柱头近肾形。蒴果长圆形，长约 0.8 厘米，粗约 2 毫米，具 8 ~ 10 枚种子，排成 2 列。种子圆形，直径约 1.5 毫米；种阜具细牙齿。花果期 6—9 月。

[分布环境]分布于云南迪庆香格里拉、维西、德钦三市（县）海拔 3500 ~ 5000 米的草坡或灌丛下。

[药用价值]全草可入药，气微，味苦、性凉。可清瘟病时疫、烧伤、赤巴病之热症。

20. **斑叶杓兰**

[科属]兰科，杓兰属。

[形态]植株高约 10 厘米，根茎粗壮，顶生 2 叶。叶近对生，宽卵形或近圆形，上面暗绿色，有黑紫色斑点。花序顶生，具一花，萼片绿黄色有栗色纵纹，花瓣与唇瓣白色或淡黄色，有红色或栗红色斑纹，花期 5—7 月。

[分布环境]分布于云南西北部大理、丽江、香格里拉，四川、湖北也

有分布。生长于海拔 2700 ~ 3350 米的松林或草坡。

[药用价值]中药名又称“两块瓦”，根茎入药，有收敛固涩功效，主治肝肾亏虚、遗精滑精、小便不禁、虚汗不止、妇女赤白带下不孕、睾丸炎等症。

21. 大狼毒

[科属]大戟科，大戟属。

[形态]多年生草本植物，植株高 40 ~ 90 厘米，单叶互生，花朵为淡黄色。蒴果圆球形，外有软刺，成熟时三室开裂。花期 4—6 月，果期 7—9 月。在退化草地上常成片生长，从夏至秋，叶色由绿至黄至红，可作药用。

[分布环境]分布于滇西北、滇中、滇东北等地，在海拔 2000 ~ 3700 米的山坡、草地、河边、林下生长。

[药用价值]别名“五虎下西山”“搜山虎”“格支糯（白族语）”。性味辛、苦、温，有毒，根有大毒。可用于治疗泻下逐水，外用止血，止痒。用于水肿，肝硬化腹水；外用治创伤出血，淋巴结结核，跌打淤血肿痛，皮肤瘙痒，癣疥。

22. 金毛铁线莲

[科属]毛茛科，铁线莲属。

[形态]木质藤本或呈灌木状，花期 4—7 月。多生长于海拔 1000 ~ 3200 米的山坡、山谷的灌丛中，林下、林边或河谷。

[分布环境]湖北、四川、贵州、云南均有分布。

[药用价值]全株可以入药，有清热利尿、消炎止痛之功效。治肾炎、尿结、火眼；根外用，治鼻窦炎、疥疮、骨折。

23. 川八角莲

[科属]小檗科，鬼臼属。

[形态]多年生草本，植株高 20 ~ 60 厘米，叶 2 枚，对生，纸质，盾状近圆形。伞形花序具 2 ~ 6 朵花，花瓣 6，紫红色，长圆形，先端圆钝，子房椭圆形，花柱短而粗，柱头大，呈流苏状。浆果椭圆形，长 3 ~ 5 厘米，直径 3 ~ 3. 5 厘米，熟时鲜红色。种子多数，白色。花期 4—5 月，果期 6—9 月。

［分布环境］分布于四川、云南、贵州海拔 1600 ~ 2400 米的山地密林中。

［药用价值］全草可入药，有滋阴补肾，追风祛毒之功效。

24. 川滇细辛

［科属］马兜铃科，细辛属。

［形态］多年生草本，植株粗壮，根状茎横走，直径 2 ~ 3 毫米，根稍肉质，直径达 3 毫米。叶片长卵形、阔卵形或近戟形，叶面深绿色或具白色云斑，稀叶脉周围白色并成白色脉网，疏被短毛，或仅侧脉被毛，叶背浅绿色，偶为紫红色，有光泽；子房近上位或半下位，花柱 6，离生，顶端 2 裂，柱头侧生。花期 4—6 月。

［分布环境］云南、四川多有分布。生长于海拔 800 ~ 1600 米的林下阴湿岩坡上。

［药用价值］块根茎可入药。在四川峨眉、乐山等地作土细辛用，又作兽药。

25. 荷包牡丹

［科属］罂粟科，荷包牡丹属。

［形态］多年生无毛直立草本。高 30 ~ 60 厘米。地上茎直立，圆柱形，带紫红色，根状茎肉质，小裂片通常全缘，表面绿色，背面具白粉，两面叶脉明显；叶柄长约 10 厘米，形似当归。花期 4—6 月。因花形似中国古代荷包而得名，花色美艳，可供栽培观赏。

［分布环境］分布于中国北部（北至辽宁）以及河北、甘肃、四川、云南。多生长于海拔 1800 米左右阔叶杂木林疏林内或灌丛湿润环境。

［药用价值］全株可入药，有调经镇痛、利尿、消疮毒之功效。

26. 猫胡子花

［科属］白花菜科，山柑属。

［形态］蔓性灌木。单叶互生；矩圆形或倒卵形，长 2 ~ 6 厘米，宽 1 ~ 2.5 厘米，光滑，全缘；托叶钩刺状。花 1 ~ 4 朵腋生或侧生；白色；雄蕊多数，长伸；子房有长柄。浆果，球形。花期 3—4 月。

［分布环境］分布于云南、贵州、广西 2500 米海拔以下的旷野、河边或疏林下。

[药用价值]全草可入药，根皮具有清热解毒功效，治疗扁桃体炎、牙痛、大疮、痔疮；叶、花、果实治疗毒蛇咬伤。

27. 荷包山桂花

[科属]远志科，远志属。

[形态]灌木或小乔木，高 1 ~ 5 米。小枝密被短柔毛，具纵棱；芽密被黄褐色毡毛。单叶互生，叶片纸质，椭圆形、长圆状椭圆形至长圆状披针形。总状花序与叶对生，下垂，密被短柔毛。花瓣状，红紫色，长圆状倒卵形。子房圆形，压扁，具狭翅及缘毛。蒴果阔肾形至略心形，浆果状。种子球形，棕红色，种脐端平截，圆形微突起，亮黑色。花期 5— 10 月，果期 6— 11 月。

[分布环境]分布于中国陕西南部、安徽、江西、福建、湖北、广西、四川、贵州、云南和西藏东南部。多生长于海拔 1000 ~ 3000 米的山坡林下或林缘。尼泊尔、印度、缅甸、越南北方也有分布。

[药用价值]根皮供药用，清热解毒、祛风除湿、补虚消肿。治风湿疼痛、跌打损伤、肺痨水肿、小儿惊风、肺炎、急性肾炎、急慢性胃肠炎、百日咳、泌尿系统感染、早期乳腺炎、上呼吸道感染、支气管炎。

28. 掌叶秋海棠

[科属]秋海棠科，秋海棠属。

[形态]多年生草本，茎高 30 ~ 45 厘米。花序长 12 ~ 18 厘米，近无毛；花粉红色，常 2 ~ 4 朵，呈二歧聚伞状，花序梗长 4 ~ 7. 5 厘米，一次分枝长 1. 8 ~ 2 厘米，偶有 2 次分枝，长约 1 厘米，均无毛；苞片和小苞片膜质，披针形，长约 1. 3 厘米，先端渐尖，顶端有刺芒，边缘和外面均被短毛，花形呈二歧聚伞状，花色粉红，花期 12 月，果期 6 月。

[分布环境]分布于云南屏边、金平、马关、蒙自，广西那坡、德保，四川巴县等地，生长于海拔 1000 ~ 1300 米的山坡阴处潮湿地、疏林中或山谷林内石壁上和水边。

[药用价值]可入药，有调经活血、润肤、清热解毒、消肿的功效。

29. 大苞叶千斤拔

[科属]豆科，千斤拔属。

[形态]小灌木，高 50 厘米左右，密被褐色柔毛。叶互生，矩卵形，

长4～8厘米，宽3～5厘米，先端短尖，基部心形，全缘；叶柄短，柄上具密毛；托叶披针形，有隆起的脉，边缘有毛。总状花序；贝状苞片，扁圆形，长15～18毫米，宽30～42毫米，先端截形或圆形，少有急尖，有时微凹，内有桔红色的腺点，脉上有长毛，边缘被毛，外面脉上有疏毛；萼片披针形；花冠玫瑰红色。花期10—12月。

[分布环境]分布于云南、贵州等地海拔500～2000米的向阳坡地、田埂上、岩石缝中。

[药用价值]生根入药，有清热、治风寒感冒、高热、小儿肺炎。

30. 常春油麻藤

[科属]豆科，黧豆属。

[形态]常绿藤本。藤茎可长达25米，其叶四季常青，色泽光亮，羽状复叶具3小叶；总状花序生于老茎，花大，下垂；花萼密被绒毛，花冠深紫色或紫红色；下垂花序上的花朵，盛开时形如成串的小雀。花期4—5月。总状花序生于老茎上，花冠色深紫，干后黑色，花或有臭味。

[分布环境]分布于中国四川、贵州、云南、陕西南部（秦岭南坡）、湖北、浙江、江西、湖南、福建、广东、广西。生长于海拔300～3000米的亚热带森林、灌木丛、溪谷、河边。日本也有分布。

[药用价值]茎藤药用，有活血去瘀、舒筋活络之效。

31. 毛地黄鼠尾

[科属]唇形科，鼠尾草属。

[形态]多年生直立草本，高20～60厘米。根粗壮，直生，黑褐色，单一或分枝。茎不分枝，密生平展长柔毛和短腺毛。花期4—6月。

[分布环境]分布于云南西北部。

[药用价值]根可入药，有活血祛瘀、调经、消肿、止痛、排脓之功效。

32. 多花素馨

[科属]木犀科，素馨属。

[形态]小枝圆柱形或具棱，无毛。叶对生，羽状深裂或为羽状复叶，叶片纸质或薄革质，两面无毛或下面脉腋间具黄色簇毛；顶生小叶片通常明显大于侧生小叶片，披针形或卵形，长圆形或狭卵形，先端圆，具短尖

头，花柱异长。果近球形，黑色。花期2—8 月，果期11 月。

[分布环境]云南、四川、贵州多有分布。多生长于海拔 1000 ~ 2800 米的山谷、溪旁及灌丛。

[药用价值]全株可入药，有治睾丸炎，淋巴结核之功效。花可提取芳香油，也常供栽培观赏。

33. 狭萼鬼吹箫

[科属]忍冬科，鬼吹箫属。

[形态]半木质落叶灌木，高 1 ~ 3 米，花期4—6 月。

[分布环境]分布于四川西南部、云南西北部、中部至东部及西藏东南部和南部。多生长于海拔 1400 ~ 3500 米的林下、溪沟边灌丛中。

[药用价值]全株可入药，有治膀胱炎、支气管哮喘，外治骨折出血之功效。

34. 火把花

[科属]唇形科，火把花属。

[形态]灌木，通常高 1 ~ 2 米，偶有达 3 米，直立或多少外倾。枝钝四棱形，密被锈色星状毛。叶卵圆形或卵状披针形，通常长 7 ~ 11 厘米，宽 2. 5 ~ 4. 5 厘米，生长于具花短枝或枝条上端者渐变小至几呈苞叶状，先端渐尖，基部圆形，边缘有小圆齿，坚纸质，花冠橙红色至朱红色，长 2 ~2. 5 厘米，小坚果倒披针形，背腹压扁，一面膨起，先端具鸡冠状的膜质翅。花期 8—12 月，果期 11 月至翌年 1 月。

[分布环境]分布于云南西部至中部、西藏东南部，生长于海拔 1450 ~ 3000 米多石草坡及灌丛中，在密林中少见。印度北部、尼泊尔、不丹、缅甸北部、泰国北部也有分布。

[药用价值]入药代密蒙花，用以明目。

35. 龙胆花

[科属]龙胆科，龙胆属。

[形态]花单生或簇生，花生于枝上顶端，成古钟形或漏斗形，多为青绿色、蓝色或淡青色，一般多为秋冬季开放。

[分布环境]云南以滇西北、高山和亚山地带最为集中。多数种类生长在海拔 2000 ~ 4800 米的高山温带地区和高山寒带地区。

[药用价值]主治骨间寒热、惊病邪气，继绝伤，定五脏，杀虫毒。对风湿性关节炎有较好的疗效。

36. 箭叶雨久花

[科属]雨久花科，雨久花属。

[形态]多年生水生草本。高50～100厘米。根状茎伸长、分枝，常形成很大的植丛，粗1～2厘米，节间长2～4厘米，常具宿存的叶鞘；须根多数。成年植株叶片三角状卵形，基部剑形或戟形，极稀心形，长7～25厘米，宽4～20厘米，基裂片叉开、外展，渐尖或狭尖；花淡蓝色，陆续开放，花瓣长15～18毫米；花丝白色，柱头密生短毛。蒴果椭圆状，长约1厘米；种子长圆形，长约0.8毫米，褐色，具10条左右的纵棱，棱间密布极细的横纹。花期4—7月。

[分布环境]分布于广东、云南，云南主要分布于西双版纳、河口海拔700米以下的水沟。东南亚热带地区也广泛分布。

[药用价值]全草可入药。清肺止咳、燥湿解毒、利尿通淋。

37. 大花红景天

[科属]景天科，红景天属。

[形态]多年生草本。地上的根颈短。叶宽倒卵形，长1～3厘米。花茎多直立或扇状排列。花序伞房状，有多花，花瓣红色，倒披针形。花、果期6—9月。

[分布环境]分布于云南德钦、中甸、丽江、宁蒗。生长于海拔2800～4600米的林下沟边、山坡或草坡等处的石缝中。四川、西藏也有分布。不丹、尼泊尔、印度北部也有分布。

[药用价值]强心、补氧、镇惊、降脂、降压。抗缺血、抗辐射、抗病毒。促进人体新陈代谢，提高人体免疫力。养肺清热、辅助降糖、降压，改善睡眠。

38. 华丽龙胆

[科属]龙胆科，龙胆属。

[形态]多年生草本。高10～15厘米。叶先端急尖，边缘微粗糙，叶脉在两面均不明显或仅中脉在下面明显，叶柄背面具乳突；莲座叶丛极不发达，狭三角形。花冠淡蓝色，具黄绿色条纹，无斑点，稀淡黄色至白

色。蒴果内藏，椭圆状披针形。花期5—7月，果期8—10月。

[分布环境]分布于云南丽江、维西、德钦海拔2500～3800米的山坡草地。缅甸北部也有分布。

[药用价值]用于治疗邪热壅肺之咳嗽、气喘、咳痰不爽诸症。

39. 矮慈姑

[科属]泽泻科，慈姑属。

[形态]一年生沼泽植物。叶基生，线形或线状披针形，长6～14厘米，宽3～8毫米，先端渐尖，略钝，基部1厘米鞘状，边缘膜质，全缘，无柄，纵脉3～5条，基出，平行，其间横脉多数，与纵脉正交几等粗。花序柄长6～20厘米，直立，花序长4～5厘米，花2～3轮，每轮有花2～3朵。雌花通常1朵，居下轮，无柄；雄花2～5，具长1～2.5厘米的细梗；苞片长椭圆形，钝；萼片倒卵形，花瓣白色，比萼片稍长；雄蕊通常12，花丝宽、短，花药长圆形；心皮多数；集成球形。瘦果宽倒卵形，长3毫米，宽4～5毫米，扁平，两侧具薄翅，顶端圆形，有鸡冠状锯齿。花期7—10月。

[分布环境]分布于云南腾冲，生长于水田中，四川、贵州、广西、广东、台湾、江西、湖北、江苏、安徽、浙江、河南、陕西也有分布。

[药用价值]全草入药，能清热、解毒、利尿、治疮毒、湿疹、喉炎。

40. 滇龙胆草

[科属]龙胆科，龙胆属。

[形态]多年生草本。高30～50厘米。须根肉质。主茎粗壮，有分枝，枝多数，丛生，直立，木质化，近圆柱形，中空，幼时具乳突，老时变光滑。无莲座状基生叶丛。花期7—9月，果期10—12月。

[分布环境]分布于云南中部、西部各县海拔1000～2800米的山坡草地、林下、灌丛中。四川、湖南、广西也有分布。

[药用价值]具有清热泻火、保肝、健脾、杀菌等作用。

41. 川赤芍

[科属]芍药科，芍药属。

[形态]又名赤芍、山芍药、红芍、花叶红芍，多年生草本，高30～120厘米。根圆柱形，单一或分歧，直径1.5～2厘米。茎直立，有粗而钝

的棱，无毛。叶互生；叶柄长3~9厘米；茎下部叶为二回三出复叶，叶片轮廓呈宽卵形，花瓣6~9，倒卵形，长2.3~4厘米，宽1.5~3厘米，紫红色或粉红色；雄蕊多数，花丝长5~10毫米，花药黄色。花期5—6月，果期7—8月。

[分布环境]分布于云南西北部永胜、宁蒗等地。生长于海拔2500~3700米的山坡林下草丛中及路旁。西藏东南、四川西部、青海东部、甘肃、陕西南部、山西也有分布。

[药用价值]根供药用，含芍药甙，能活血通经、凉血散瘀、清热解毒。主治血滞经闭、热疮肿毒、产后瘀血、血热鼻衄、温毒斑疹等症。

42. 须苞石竹

[科属]石竹科，石竹属。

[形态]又名“十样锦”（云南土名）、羊花（丽江）、蝴蝶花（广南）、五彩石竹。多年生草本，高10~50厘米或更高。花果期3—7月。

[分布环境]云南丽江、维西、昆明、广南等地有栽培，有些地方变野，生长于海拔1800~2700米。我国各地均有栽培。供观赏；药用，治口腔炎。

43. 凹舌兰

[科属]兰科，凹舌兰属。

[形态]植株高14~45厘米。叶3~5枚。总状花序，花黄绿色或绿棕色，直立伸展。花期6—8月，果期9—10月。

[分布环境]产于云南维西、香格里拉；生长于海拔2850~3800米的冷杉林下苔藓丛中、河谷林内、山坡灌丛或草坝上。分布于西藏东北部、四川、湖北、河南、台湾、河北、青海、甘肃、陕西、山西、新疆、辽宁、吉林、黑龙江。中亚地区、克什米尔地区、尼泊尔、不丹、俄罗斯西伯利亚、朝鲜半岛、日本、欧洲、北美均有分布。

[药用价值]块茎入药，用于肺虚咳喘、虚劳消瘦、神经衰弱、久泻、失血、带下、乳少、慢性肝炎。

44. 多花兰

[科属]兰科，兰属。

[形态]附生植物，假鳞茎近球形。叶5~6枚，花序通常具10~40朵

花；花较密集，一般无香气。花期3—8 月，果期7 月至翌年2 月。

[分布环境]产于云南贡山、福贡、维西、德钦、中甸、丽江、勐海、蒙自、砚山、西畴、富宁、文山、麻栗坡，附生于海拔1000～2700 米的阔叶林下、沟边树上、岩石上。分布于西藏、四川、贵州、广西、广东、浙江、福建、台湾、江西、湖南、湖北。

[药用价值]根入药，用于百日咳、咯血、神经衰弱、头晕腰痛、尿路感染、白带异常。

45. 天　麻

[科属]兰科，天麻属。

[形态]植株高30～100 厘米，有时可达2 米。根状茎肥厚。茎直立。总状花序通常具30～50 朵花；花扭转，呈橙黄、淡黄、蓝绿或黄白色，近直立。花果期5—7 月。

[分布环境]产云南贡山（独龙江）、兰坪、维西、香格里拉、丽江、下关、洱源、彝良、会泽、大关等地，附生于海拔1950～3000 米的疏林下、林缘、林间草地、灌丛、沼泽草丛、火烧迹地中。分布于西藏、贵州、四川、湖南、湖北、河南、台湾、江西、浙江、安徽、江苏、甘肃、陕西、山西、河北、内蒙古、辽宁、吉林。尼泊尔、不丹、印度、日本、朝鲜半岛和俄罗斯西伯利亚均有分布。

[药用价值]本种的干燥块茎为名贵中药，在历代本草中列为上品。有平肝熄风、祛风定惊的功效，用于头晕目眩、肢体麻木、小儿惊风、癫痫、高血压、耳源性眩晕等症。

46. 山　柰

[科属]姜科，山柰属。

[形态]多年生草本。根茎块状。花4～12 朵顶生；花白色，有香味，易凋谢。佛焰苞近肉质，肉穗花序比佛焰苞短。花期8—9 月。

[分布环境]云南西双版纳、红河屏边有栽培，生于山坡林下。台湾、广东、广西也有栽培。南亚至东南亚也有。

[药用价值]常栽培供药用或调味品，为四川榨菜特殊香气的主要材料。根茎可入药。

47. **老虎芋**

[科属]天南星科，海芋属。

[形态]直立大型草本。地上茎圆柱形，新枝丛生状。花期5月（广东）。

[分布环境]产云南潞西、元江、通海、玉溪、峨山、昭通的湿润山谷，或栽培于房前屋后或庭院。分布于四川、贵州、广西、广东、海南、福建、台湾。孟加拉国、斯里兰卡、缅甸、泰国也有分布。

[药用价值]全株入药。解毒退热、消肿镇痛。可治流感、高热、肺结核、急性胃炎、胃疼、胃溃疡、慢性胃病、肠伤寒、蜂窝组织炎、虫蛇咬伤、疮疖、风湿等。有毒，内服久煎4小时以上可以避免中毒。如发现中毒，可用甘草、土防风、莲须煎服解救。

48. **海　芋**

[科属]天南星科，海芋属。

[形态]大型常绿草本。茎高差距大，有不到10厘米的，也有高达3~5米的。叶片亚革质，草绿色。佛焰苞管部绿色；肉穗花序芳香。花期4—7月（绿春）。

[分布环境]产滇中以南、西部至东南部，海拔200~1100米热带雨林及野芭蕉林中。分布于四川、贵州、湖南、江西、广西、广东及沿海岛屿、福建、台湾。孟加拉国、印度东北部（喀西山）、老挝、柬埔寨、越南、泰国至菲律宾也有分布。

[药用价值]根茎为健胃药，对腹痛、霍乱、疝气等有良效。又可治肺结核、风湿关节炎、感冒、流感、肠伤寒、疔癌肿毒、蛇虫咬伤、火烫伤；调煤油外用可治神经性皮炎。

49. **大花蜘蛛抱蛋**

[科属]百合科，蜘蛛抱蛋属。

[形态]根状茎圆柱状。叶单生、披针状矩圆形。花苞片卵形，花被钟状。

[分布环境]分布于云南东南部至中南部的屏边、文山、新平、石屏、峨山、通海、建水等地，生长于海拔1400~1800米的林下。越南北部也有分布。

[药用价值]根状茎入药，止血镇痛，消炎。

50. 九龙盘

[科属]百合科，蜘蛛抱蛋属。

[形态]根状茎圆柱形，直径4～10毫米，具节及鳞片。叶单生。花苞片3～6枚，有时带褐紫色；花被近钟状。果期5月。

[分布环境]产云南河口，生长于海拔260～700米。分布于广西、贵州、四川、湖南、湖北、江西、浙江、台湾、福建、广东。

[药用价值]根状茎供药用，有祛风解毒、散瘀止痛功能。

51. 黑紫藜芦

[科属]百合科，藜芦属。

[形态]植株高30～100厘米。茎粗壮。叶狭带状或狭长圆形。花紫黑色、紫色或偶有棕色。花果期7—9月。

[分布环境]产滇南（据《中国植物志》），生长于海拔1300～2500米的山坡林下或草地上。分布于四川（盐源）、贵州、广西、广东、湖北、安徽、江西、福建、浙江和台湾。

[药用价值]根状茎和根入药，可治痨伤、刀枪伤、跌打损伤和骨痛。

52. 紫　萼

[科属]百合科，玉簪属。

[形态]草本，茎直立。叶片卵圆状披针形。假穗状花序生长于主茎及上部分枝顶端。花期6—7月，果期9—10月。

[分布环境]产云南镇雄、彝良、绥江、腾冲，生于海拔1700～2700米的山坡林内阴湿地，各地多栽培。分布于华东、华南、华中、西南及陕西、河北等地。

[药用价值]根状茎含吉托皂甙元，入药。

53. 玉　簪

[科属]百合科，玉簪属。

[形态]根状茎粗厚。叶长14～24厘米，宽8～16厘米。花单生或2～3朵簇生，白色，芳香。花期6—8月。

[分布环境]原产我国长江流域各省区至华南海拔2000米以下地区常有栽培。昆明、文山、曲靖等地公园、寺院均栽培供观赏。日本也有栽

培。本种为美丽的观赏植物。

[药用价值]全草可供药用。

54. 毛叶藜芦

[科属]百合科，藜芦属。

[形态]较高大草本。植株高 50～150 厘米，下部叶较大。花大、密集、绿白色。花期 5—7 月。

[分布环境]产云南贡山、禄劝、会泽。生长于海拔 2900～3700 米的冷杉林缘和草地。分布于四川、湖北、湖南、江西、浙江和台湾。

[药用价值]根状茎及根入药，有治涌吐风寒、杀虫治疮功能。本品可以降血压、治疗骨折，但剧毒，宜慎用。

55. 卵叶蜘蛛抱蛋

[科属]百合科，蜘蛛抱蛋属。

[形态]根状茎较粗。叶 2～3 枚簇生。花苞片 3～5 枚，带紫褐色；花被坛状；裂片卵形。花期 9—10 月。

[分布环境]产云南东南部金平、屏边，生长于海拔 80～500 米的山地。广西西南部（漏水）也有。越南北部也有分布。

[药用价值]根状茎入药，有活血散瘀、接骨、止痛、清热解毒功能。

56. 高原鸢尾

[科属]鸢尾科，鸢尾属。

[形态]多年生草本。根状茎短。叶基生，灰绿色。花深蓝色或蓝紫色，直径 3～3.5 厘米。花期 5—6 月，果期 7—8 月。

[分布环境]产云南香格里拉、维西、丽江、洱源、漾濞、大理、昆明及蒙自，生长于海拔 1650～3500 米的高山草地及向阳山坡的干燥草地。四川、西藏有分布。印度、泰国、缅甸及尼泊尔也有分布。

[药用价值]根、根上叶基部及叶供药用，有大毒，作催吐、活血化瘀、止血、止痛、通窍、杀蛆药。

57. 尼泊尔鸢尾

[科属]鸢尾科，鸢尾属。

[形态]多年生草本。根茎短而粗。叶条形。花蓝紫色或蓝色，直径 2.5～6厘米。花期 6 月，果期 7—8 月。

[分布环境]产云南丽江、石鼓、巨甸、香格里拉、维西、大理、禄劝及砚山，生长于海拔1500～3000米的高山带的荒山坡、草地、岩石缝隙及疏林下。四川、西藏有分布。印度、不丹、尼泊尔也有分布。

[药用价值]据《尼泊尔药用植物》一书中记载，根部入药，内服有轻泻、利尿作用，外用治疗疔疮及伤肿。

58. 宿苞石仙桃

[科属]兰科，石仙桃属。

[形态]根状茎匍匐，较粗壮直径5～7厘米。叶薄革质。总状花序密生数十朵花；花白色或略带红色。花期6—9月，果期10月至翌年4月。

[分布环境]产云南贡山、龙陵、潞西、丽江、漾濞、凤庆、镇康、临沧、景东、普洱、景洪、勐腊、勐海，附生于海拔800～2700米的林中树上或岩石上。分布于西藏东南部、四川西南部。广布于尼泊尔、不丹、印度、斯里兰卡、缅甸、越南、老挝、柬埔寨、泰国、马来西亚、印度尼西亚、新几内亚岛。

[药用价值]植株假鳞茎入药，用于肺热咳嗽、痰中带血、月经过多、小便不利、湿热浮肿、小儿疳积、肺结核、咳血、胃及十二指肠溃疡等症。

59. 火烧兰

[科属]兰科，火烧兰属。

[形态]地生草本，株高20～70厘米。根状茎粗短。总状花序通常具3～40朵花；花绿色或淡紫色，下垂，较小。花期7月，果期9月。

[分布环境]产云南贡山、福贡、泸水、腾冲、兰坪、维西、德钦、香格里拉、景东、丽江、大理、鹤庆、洱源、昆明、禄劝、宜良、嵩明、昭通等地，生长于海拔1300～3300米的山坡草地、林下、灌丛或沟边、路旁。分布于西藏、青海、四川、贵州、湖北、安徽、新疆、甘肃、陕西、山西、河北、辽宁。不丹、尼泊尔、阿富汗、伊朗、北非、俄罗斯、欧洲及北美均有分布。

[药用价值]根茎药用，治跌打损伤、肾虚腰痛、毒蛇咬伤。

60. 杜鹃兰

[科属]兰科，杜鹃兰属。

[形态]假鳞茎卵球形或近球形，长1.5～3厘米，直径1～3厘米，密接，有关节，外被撕裂成纤维状的残存鞘。花常偏花序一侧下垂，不完全开放，有香气，狭钟形，淡紫褐色。花期5—6月，果期8—12月。

[分布环境]产云南贡山、腾冲、鹤庆、漾濞、凤庆、玉溪、永善、昭通、西畴，生于海拔2900米以下的湿地或沟边湿地上以及山坡林下阴湿处。分布于西藏、贵州、四川、广东北部、湖南、湖北、河南、台湾、江西、浙江、安徽、江苏、甘肃南部、陕西南部、山西南部。尼泊尔、不丹、印度、越南、泰国和日本也有分布。

[药用价值]假鳞茎药用，用于痈肿、喉痹肿痛、蛇虫咬伤。

61. 广布芋兰

[科属]兰科，芋兰属。

[形态]块茎圆球形，直径10～13毫米。叶1枚，长2.5～3.5厘米，宽2.5～4.5厘米。花葶高15～26厘米；总状花序具3～10朵花。花期6月。

[分布环境]产云南贡山、德钦、禄劝；生于海拔1500～2300米的山坡灌丛中。分布于西藏、四川、湖北、台湾。广布于尼泊尔、印度、孟加拉国、缅甸、越南、老挝、泰国、马来西亚、琉球、菲律宾、印度尼西亚、新几内亚岛、澳大利亚、太平洋岛屿。

[药用价值]块根入药，用于红崩、淋病、白浊、白带异常。

62. 纹瓣兰

[科属]兰科，兰属。

[形态]附生植物，叶4～5枚，长40～90厘米，宽1.5～4厘米。花葶下垂，长20～60厘米；总状花序具15～35朵花；花略小，稍有香气。花期4—5月，偶见10月，果期9月至翌年5月。

[分布环境]产云南勐海、景洪、河口、屏边；附生于海拔100～1100米的疏林或灌木丛中树上、溪旁岩壁上。分布于贵州、广西、广东。尼泊尔、印度、斯里兰卡至印度尼西亚的爪哇也有分布。

[药用价值]全草入药，用于肺热咳嗽、肺结核、吐血、咽喉炎、月经不调、白带异常、疮疖、腮腺炎、小儿疳积、外伤出血、风湿腰腿痛、跌打损伤、骨折。

63. **春　兰**

[科属]兰科，兰属。

[形态]假鳞茎较小，卵球形。叶4～7枚，通常较短小，长40～60厘米，宽5～9毫米。花葶直立长3～20厘米；花苞片长而宽；花色泽变化大，通常为绿色或淡褐黄色而有紫褐色脉纹，有香气。花期1—3月。

[分布环境]产云南腾冲、保山、维西、丽江、昆明、武定、广南等地，生长于海拔800～2550米的草坡、林缘或疏林中。分布于贵州、四川、广西、广东、湖南、湖北、河南南部、台湾、福建、江西、浙江、安徽、江苏、甘肃南部、山西南部。日本、朝鲜也有分布。

[药用价值]全草入药，用于神经衰弱、头晕腰疼、阴肿、潮热盗汗、蛔虫腹痛、痔疮、疯狗咬伤。

64. **建　兰**

[科属]兰科，兰属。

[形态]假鳞茎卵球形。叶2～6枚，长30～60厘米，宽1～2.5厘米。花葶直立，长20～30厘米或更长；总状花序具3～13朵花；花常有香气，色深变化较大，通常为浅黄绿色具紫斑。花期通常为6—11月，果期8月至翌年5月。

[分布环境]产云南德钦、景东、勐海、勐腊、丘北、广南、富宁、屏边等地，生长于海拔500～3300米的疏林下、灌丛中或草丛中。庭园中常栽培。分布于贵州、四川、广西、广东、海南、台湾、福建、江西、浙江、安徽。印度、斯里兰卡、印度尼西亚、日本也有分布。

[药用价值]花入药，用于久咳心闷、腹泻、青盲内障；根入药，用于咳嗽止血、肠风、血崩、白浊、白带异常、跌打损伤、痈肿；叶入药，用于咳嗽、肺痈、吐血、白浊、白带异常、疮毒、痈肿。

65. **朱　兰**

[科属]兰科，朱兰属。

[形态]具细长，稍肉质的根。植株高18～21厘米。茎直立，纤细。叶稍肉质，长3.5～9厘米，宽8～17毫米。花苞片叶状；花单朵顶生，向长斜展，常紫红色或淡紫红色。花期6月，果期9—10月。

[分布环境]产云南镇雄，生于海拔1145米的林下。分布于贵州、四

川、广西、湖南、湖北、福建、江西、浙江、安徽、山东、内蒙古、吉林、黑龙江。朝鲜半岛、日本也有分布。

[药用价值]全草入药，用于毒蛇咬伤、痈疽疮毒、外伤出血。

66. 蕙　兰

[科属]兰科，兰属。

[形态]叶 5 ~ 8 枚，长 25 ~ 80 厘米，宽 4 ~ 12 毫米。花葶长 35 ~ 80 厘米；总状花序具 5 ~ 11 朵或更多的花。花期 2—5 月。

[分布环境]产云南贡山、泸水、德钦、中甸、维西、丽江、兰坪、永胜、宾川，生长于海拔 2000 ~ 3000 米的阔叶林、松林、草丛荫蔽处。分布于西藏（东部）、贵州、四川、甘肃、陕西、河南、河北、湖北、湖南、江西、安徽、江苏、浙江、福建、台湾、广东、广西。印度（北部）、尼泊尔也有分布。

[药用价值]全草入药，用于咳嗽、小儿急胀。

67. 反瓣虾脊兰

[科属]兰科，虾脊兰属。

[形态]假鳞茎粗短，粗约 1 毫米。叶椭圆形，花时全体展开。花葶 1 ~ 2 个直立；花粉红色，开放后萼片与花瓣反折并与子房平行 。花期 5—6 月。

[分布环境]产云南龙陵、东川，生长于海拔 1700 ~ 2500 米的常绿阔叶林下、山谷溪边或满布苔藓的湿石上。分布于贵州、四川、广西、广东、湖南、湖北、江西、浙江、台湾、安徽。朝鲜半岛和日本也有分布。

[药用价值]全草入药，用于疥疮、淋巴结核。

68. 节茎石仙桃

[科属]兰科，石仙桃属。

[形态]假鳞茎近圆筒形，肉质，有时两端略收狭，长 2 ~ 12 厘米，宽 5 ~ 25 毫米，彼此以首尾相连接。叶 2 枚，生假鳞茎顶端。总状花序具 10 余朵花；花苞片狭卵状长圆形；花通常淡绿色或白色略带淡红色，2 列排列，略疏松。花期 6—8 月，果期 10 月至翌年 4 月。

[分布环境]产云南贡山、福贡、泸水、盈江、龙陵、潞西、维西、漾濞、镇康、凤庆、临沧、双江、景东、普洱、西双版纳、景洪、勐腊、勐

海、蒙自、屏边、西畴、麻栗坡，附生于海拔 800 ~ 2500 米的林中树上或岩石上。分布于西藏（墨脱）、四川。广布于尼泊尔、不丹、印度东北部、缅甸、柬埔寨、泰国、越南、马来西亚和印度尼西亚。

[药用价值]全草入药，用于子宫脱垂、月经不调、肺热咳嗽、跌打损伤、骨折筋伤、痈疮肿痛。

69. 川百合

[科属]百合科，百合属。

[形态]鳞茎卵球形，宽卵形，高 2 ~ 4 厘米，直径 2 ~ 4.5 厘米。叶多数散生，中脉明显。花单生或 2 ~ 8 朵排成总状花序；花下垂，橙黄色。花期 5—7 月，果期 9—10 月。

[分布环境]产云南贡山、临沧、德钦、香格里拉、丽江、维西、剑川、洱源、大理、昆明，生长于海拔 1700 ~ 3100 米的疏林、云南松林、山谷阔叶林、灌丛、路边、山坡乱石堆、草地；分布于四川西部、甘肃、陕西、河南、山西、湖北。

[药用价值]花入药，有止咳、利尿、安神功能。本种体态、叶、果等均与大理百合相似，但后者花白色，叶腋无绵毛，细察即可区别。

70. 石蒜

[科属]石蒜科，石蒜属。

[形态]又名龙爪花。鳞茎近球形，直径 1 ~ 3 厘米。秋季出叶，叶狭带状。花茎高约 30 厘米；伞形花序有花 4 ~ 7 朵，花鲜红色。花期 8—9 月，果期 10 月。

[分布环境]生长于海拔 100 ~ 2000 米的林下石上，溪旁多石处。昆明有栽培，丽江、大理有野生。分布于贵州、四川、广西、广东、湖南、湖北、台湾、福建、江西、浙江、安徽、江苏、山东、河南、陕西。日本也有分布。

[药用价值]鳞茎含多种生物碱，入药，有解毒、祛痰、利尿、催吐的功能。

71. 藠

[科属]石蒜科，葱属。

[形态]鳞茎数枚聚生，狭卵状。叶 2 ~ 5 枚，中空，粗 1 ~ 3 毫米。花

葶侧生，圆柱状，平状花序近半球状，较松散；花淡紫色至暗紫色。植株高 25 ~ 50 厘米。花果期 10—11 月。

[分布环境]云南贡山、昆明等地有栽培。江南各省区普遍栽培，也有野生的。原产我国南方，现已广泛种植于日本、越南、老挝、柬埔寨和美国。

[药用价值]鳞茎入药，古称薤白，为健胃药，也对心脏有益。有理气、宽胸、散结、祛痰之效。外用治火伤。

72. **忽地笑**

[科属]石蒜科，石蒜属。

[形态]鳞茎卵形。秋季出叶，叶剑形。花茎高约 60 厘米；伞形花序，有花 4 ~ 8 朵；花黄色。花期 5—8 月，果期 11 月。

[分布环境]产云南贡山、福贡、耿马、龙陵、勐海、漾濞、洱源、剑川、安宁、昆明、彝良、宜良、路南、丘北、广南，生长于海拔 400 ~ 2000 米的箐沟杂木林、河边灌丛、草坡、石灰岩山石缝中。分布于陕西(秦岭南坡)、河南、湖北、湖南、四川、贵州、广西、广东、福建、台湾。缅甸、日本也有分布。

[药用价值]植株鳞茎入药，有解毒消肿、润肺祛痰、催吐的功能。全株有毒，含石蒜碱等多种生物碱，为提取石蒜碱、加兰他敏的原料。

73. **长叶绿绒蒿**

[科属]罂粟科，绿绒蒿属。

[形态]一年生草本。高 8 ~ 25 厘米。主根萝卜状。茎直立。叶长 1 ~ 15 厘米，宽 0.5 ~ 1.5 厘米。花茎粗壮；花数朵于花茎上排列成总状花序、花瓣 4 ~ 8，长 1 ~ 3 厘米，宽 0.7 ~ 3 厘米，紫色或蓝色。花期 6—9 月，果期 7 月以后。

[分布环境]分布于云南西北部的大理、鹤庆、洱源、丽江、维西、香格里拉、贡山等地，生长于海拔 3300 ~ 4800 米的高山草地或林下。我国四川西部、甘肃西南部、西藏东南部及缅甸东北部也有分布。

[药用价值]该植物主要用作药材，有清热利湿，镇咳平喘之功效。

74. **大叶山柰**

[科属]姜科，山柰属。

[形态]叶近圆形，较原变种为大，长 13 ~ 20 厘米，宽 13 ~ 17 厘米，叶背被长柔毛。花 4 ~ 12 朵顶生，花白色，有香味，易凋谢。花期 8—9 月。

[分布环境]产于云南文山等地海拔 800 ~ 860 米的山坡。广东有栽培。印度、柬埔寨也有分布。

[药用价值]根茎为芳香健胃剂；亦可作调味香料。

75. 石仙桃

[兰科]兰科，石仙桃属。

[形态]根状茎通常较粗壮，匍匐，直径 3 ~ 8 毫米或更粗，具较密的节和较多的根。叶 2 枚，长 5 ~ 22 厘米，宽 2 ~ 6 厘米。花白色或带浅黄色。花期 4—5 月，果期 9 月至翌年 1 月。

[分布环境]产云南贡山、澜沧、景洪、勐腊、蒙自、屏边、西畴、麻栗坡，附生于海拔 890 ~ 2100 米的林中树上、林缘岩壁上。分布于西藏(墨脱)、贵州、广西、广东、海南、香港、福建、浙江。缅甸、越南也有分布。

[药用价值]润肺止咳，化淤止痛。

76. 文殊兰

[科属]石蒜科，文殊兰属。

[形态]多年生粗壮草本。花期 7 月。

[分布环境]产于云南绥江，生于海拔 480 米的山坡崖下，昆明、西双版纳、文山等地均有栽培。分布于广西、广东、海南、台湾、福建，现各地多露地栽培。

[药用价值]植株鳞茎和叶入药，有小毒，有行血散瘀，消肿止痛的功能。全草和鳞茎含石蒜碱、多花水仙碱、文殊兰碱等多种生物碱，药用时内服宜慎。

后记

《云花通识核心词》是云南花卉产业联合会与云南大学茶马古道文化研究所共同编著的一本普及云南花卉知识的工具书，由云南大学出版社出版。

云南是一个花卉资源丰富的省份，面对成千上万种植物，通常最大的困难在于不知道花卉名字所指的是哪一种植物，不能正确识别在这个鲜花围绕的大花园或出版物中提及的植物，对一个特定的品种没有足够的有效资源可以利用。

本书正是致力于解决这些问题。书中将云南花卉分为六大部分介绍，将难以识别和稀有的高山花卉用了大量词条进行普及。由于该书涉及种类繁多，作者在编著过程中难免会有疏漏，为了尽可能丰富花卉种类，在资料搜集和整理中借鉴了百度百科、搜狗百科、FRPS《中国植物志》全文电子版网站等网络资源，还翻阅了《云南植物志》《迪庆藏药植物图鉴》等书籍资料。同时也感谢为这本书提供图片的作者，书中有一些引用的精美图片因联系方式缺失未能及时找到作者或版权方，请看见后与我们联系（云南大学茶马古道文化研究所编辑部，电话：0871－65011003）。

由于编著者水平有限，这本书还不够完整，很多内容不够全面与丰富，只能管中窥豹，从有限的资源中来介绍云南花卉这个宏大的主题，希望通过该书给读者开启一扇探寻发现之门，激发花卉爱好者的兴趣，拓展他们的视野。本书错漏、不足之处在所难免，请读者和学者多多批评指正。